King Kwabla Lumor

Análise económica da tecnologia/conceção de energia solar hibridizada

King Kwabla Lumor

Análise económica da tecnologia/conceção de energia solar hibridizada

Incentivos e quadros políticos para as energias renováveis

ScienciaScripts

Imprint

Cover image: www.ingimage.com

This book is a translation from the original published under ISBN 978-3-659-86184-0.

Publisher:
Sciencia Scripts
is a trademark of
Dodo Books Indian Ocean Ltd. and OmniScriptum S.R.L publishing group

120 High Road, East Finchley, London, N2 9ED, United Kingdom
Str. Armeneasca 28/1, office 1, Chisinau MD-2012, Republic of Moldova, Europe
Printed at: see last page
ISBN: 978-620-8-34611-9

Análise económica da tecnologia/design de energia solar hibridizada Atlantic International University

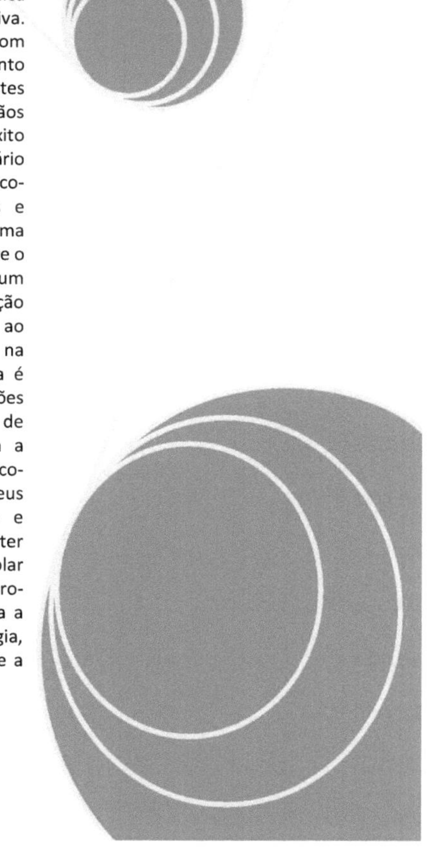

Resumos

O principal objetivo deste documento é analisar os benefícios económicos que os países da África Subsariana (ASS) podem obter adicionando a energia solar fotovoltaica ao seu mix de produção como fonte de energia alternativa. Os países da África Subsariana são abençoados com enormes recursos que podem levar a um crescimento económico sustentável. No entanto, a má gestão destes recursos levou a que mais de 600 milhões de cidadãos vivessem sem acesso à eletricidade. Para vencer com êxito a pobreza energética na África Subsariana, é necessário substituir a eletricidade convencional por uma eco-civilização, na qual os cidadãos são consumidores e produtores de energia que utilizam a energia de uma forma inteligente, de modo a encontrar um bom equilíbrio entre o desenvolvimento económico, a criação de emprego e um crescimento económico sustentável. Essa eco-civilização consiste em acrescentar a energia solar fotovoltaica ao cabaz de produção para aumentar o défice existente na produção de eletricidade. A energia solar fotovoltaica é amiga do clima e reduz as condições das alterações climáticas que alteraram significativamente os padrões de chuva nos países da África Subsariana. A ASS tem a fantástica oportunidade de dar um salto para a eco-civilização do século XXI, se não investir e reequipar os seus sistemas de rede de serviços públicos ineficazes e envelhecidos. Idealmente, os países da ASS podem obter economias de escala investindo em energia solar fotovoltaica com arquitetura de rede distribuída/micro-rede a nível comunitário que catapultará a região para a futura geração, distribuição e utilização de energia, equilibrando a relação com o crescimento económico e a natureza.

King Kwabla Lumor, candidato a doutoramento
3/7/2016

Índice

ACRÓNIMOS /ABREVIATURAS

CDM- Clean Development Mechanism

DLG- District Level Grid

DSM- Demand Side Management

ESP -Energy Service Providers

EE -Energy Efficiency

FiT- Feed –in-Tariff

Kw- Kilowatts

Kwh- Kilowatts hour

MHSHS- Micro Hybrid Solar Home Systems

PAYG- Pay –As-You-Go

SE4ALL- Sustainable Energy For All

SSA- Sub-Saharan Africa

UNEP- United Nations Environmental Program

UN- United Nation

VRE- Variable Renewable Energy

Capítulo 1

1.0 Introdução

Este ensaio procura explorar vários projectos de tecnologia de energia solar para os países da África Subsariana, para aumentar o fornecimento de energia a mais de 600 milhões de pessoas que vivem sem acesso à eletricidade. Existem vários modelos que podem ser utilizados pelos projectistas para reduzir o custo dos clientes através de várias recomendações de opções de pagamento. Este documento é o resultado de um inquérito recente realizado pelo investigador académico sobre possíveis opções solares para promotores imobiliários e particulares, com as melhores opções e modelos de pagamento. O investigador académico também fornece regulamentação e políticas para os países da África Subsariana para tornar a energia solar acessível a todos. A energia hidroelétrica falhou na capacidade de produção de muitos países da ASS devido a alterações nos padrões de chuva resultantes das alterações climáticas.

Nahmmacher et al (2012) salientaram a importância de os países da África Subsariana explorarem cenários para o futuro do sistema elétrico com uma variedade de modelos numéricos. Os autores recomendam modelos reprodutíveis aplicáveis que sejam facilmente aplicados a dados de entrada para todos os tipos de modelos de sistemas de energia. A atual tendência global é para as energias renováveis, precisamente, solar, eólica, hídrica e nuclear na capacidade de produção de energia. No entanto, a aurora do dia ainda não chegou a certas partes da África Subsariana. A energia renovável foi classificada como a única energia amiga do ambiente. Pursley, G.B. & Wiseman, H.J. (2010) recordam aos países da África Subsariana que devem evitar a dependência total de combustíveis fósseis estrangeiros para a produção de energia, o que está associado a riscos de segurança nacional e a impactos ambientais negativos dessas indústrias extractivas. Houve algumas reacções governamentais nos países subsarianos no sentido da mudança, mas têm de ser apoiadas por iniciativas políticas concretas. Os países da África Subsariana têm de abordar várias questões sentimentais sobre as iniciativas políticas salutares adequadas para provocar a grande alteração da infraestrutura energética nacional.

1.1 Impactos das alterações climáticas

Wiseman, Hannah et al (2011) afirma abertamente a emergência da adoção de energias renováveis pelos países da ASS com leis sobre previsibilidade e flexibilidade na abordagem dos impactos das alterações climáticas através de projectos renováveis. De acordo com Monk, Ashby et al (2015), prevê-se que a população mundial atinja 10 mil milhões até 2050, o que exige que as nações implementem a inovação nos sectores da energia. Sem inovação, os países da África Subsariana correm o risco de sofrer alterações climáticas irreversíveis, de um aprovisionamento energético insustentável, da falta de crescimento económico e do agravamento da desigualdade. Paradoxalmente, os países da ASS são obrigados a investir na investigação a nível terciário em projectos tecnológicos como fonte de recursos transformadores para o desenvolvimento e a implantação de energias renováveis. Através da transição para a investigação, poderiam ser criados vários postos de trabalho no mercado das energias renováveis, reduzindo assim a pobreza e as carências energéticas. Ummel, Kevin & Wheeler, David (2008) afirmam que a incapacidade dos países da África Subsariana de regular as emissões globais e os poluentes locais que matam, ferem e prejudicam os meios de subsistência de milhões de cidadãos exige que sejam implementadas medidas de controlo nos sectores energéticos das suas economias. Estes processos só podem ser alcançados se os países desenvolvidos puderem fazer uma oferta credível para cobrir o custo incremental das tecnologias limpas. Nasr, Nabil (n.d) recomenda redes inteligentes e micro redes para a produção de eletricidade nos países da África Subsariana, redes de distribuição através de tecnologia digital avançada para a deteção automática de falhas, gestão da carga, gestão do lado da procura e outras questões de melhoria da rede. Todas as vantagens destas tecnologias recomendadas abrangerão pequenos telhados solares, energia eólica, poços geotérmicos, células de combustível e conversores de biomassa. Ummel & Wheeler (2008) sugerem ainda aos países da África Subsariana que considerem a energia solar concentrada (CSP), que utiliza a luz solar direta (abundante na África Subsariana) para ferver água e acionar turbinas a vapor convencionais nos cenários a longo prazo.

Capítulo 2

2.1 Princípios de conceção das energias renováveis

A partir da observação de Sovacool, Benjamin K (2012), as Nações Unidas (ONU) declararam, desde 2012, Energia Sustentável para Todos (SE4All) até ao ano 2030. *Que medidas podem os países da África Subsariana, que são os mais carenciados de energia, tomar para aumentar o défice que exige "o acesso universal a serviços energéticos modernos, a redução da intensidade energética global em 40% e o aumento da utilização de energias renováveis em 30% do fornecimento total de energia primária"?* O acesso universal e a disseminação das energias renováveis têm sido considerados um grande desafio nos países da África Subsariana. Registaram-se melhorias recentes, mas insuficientes, como exigido pela ONU. As questões problemáticas ocupam as agências de desenvolvimento bilaterais e multilaterais que estão a atrasar a assistência financeira para erradicar a pobreza energética em África. Este tipo de incapacidade das instituições bilaterais e multilaterais de ajudar os países da África subsariana a erradicar a pobreza energética aumenta a taxa de pobreza das populações através da geração de rendimentos dos cidadãos. Recomenda-se que as agências bilaterais e multilaterais considerem a erradicação da pobreza energética como um modelo de negócio em que os resultados da investigação são incentivados pelas empresas locais interessadas, tanto nos países bilaterais como nos multilaterais, e pelas entidades empresariais nos países onde se pretende investir. Basicamente, o modelo deve avaliar os resultados antes do financiamento do investimento a empresas interessadas a nível local e internacional. Esse financiamento deve ser canalizado para uma instituição adequada para ser desembolsado para os projectos identificáveis.

O cenário político deve ser uma prerrogativa do governo local, que deve abordar os mecanismos de incentivo tanto para os investidores como para as empresas locais ou internacionais interessadas em participar. As políticas devem abordar a tecnologia e a inovação do sistema implementado para os cidadãos. Os factores de preços devem abordar de forma idêntica a taxa de redução para os pobres e para os ricos da sociedade. Idealmente, a desregulamentação da aplicação das políticas permitiria uma execução rápida dos projectos, a redução dos custos e o acesso a zonas remotas de interesse por parte das empresas interessadas.

2.1.1 Conceção do canal de distribuição

Do ponto de vista de Walsh, Philip R. Dr. e Walters, Ryan (2009), as energias renováveis e a sua realidade económica na concorrência com fontes de energia não renováveis de custo mais baixo exigem inovação e tecnologia para reduzir de forma competitiva o consumo de combustíveis fósseis. A complexidade da tecnologia e os benefícios do produto para os clientes só podem ser abordados com políticas de apoio ao investidor que beneficiem o investidor e o executor do projeto. Uma política que abordasse a qualidade do produto atrairia certamente mais escolhas de clientes interessados nas alterações climáticas, o que mais uma vez despertou a curiosidade sobre a viabilidade das energias renováveis. De acordo com (Walsh & Walter 2009), o termo implica noções vagas que certamente abordam o aquecimento global e o clima estão na vanguarda de muitas agendas políticas e empresariais. No entanto, existem muitos desafios na implantação das energias renováveis, que variam de região para região, dependendo da ecosofisticação, da compreensão do cliente sobre as utilizações das energias renováveis, da tecnologia e dos benefícios.

Capítulo 3

3.1 Incentivos podem estimular a energia solar

Gwynne, Peter & Frishberg, Manny (2013) observaram que a energia solar está a entrar em força; e, em 2012, o mundo atingiu um marco de 100 gigawatts (GW) de eletricidade diretamente do sol. O feito foi atribuído à implementação do FIT em vários países. Em 2012, foi produzido um total final de 101 GW de energia solar, aproximadamente igual à produção anual de energia de 16 centrais nucleares ou a carvão, a nível mundial. Isto representou um total de 53 milhões de toneladas de emissões de gases com efeito de estufa poupadas por ano. Esta analogia exige que os países da África Subsariana se concentrem mais na produção de energia solar para aumentar os mais de 600 milhões de pessoas sem acesso à eletricidade. A capacidade de produção de cada país deve ser estruturada numa base de longo prazo para uma avaliação eficaz das emissões de GEE através do Desenvolvimento de Mecanismos Limpos (CDM). Os países da África Subsariana devem encorajar os promotores e os utilizadores finais através da concessão de incentivos em pequena escala, conduzindo a um rápido aumento dos projectos de energia solar fotovoltaica.

Capítulo 4

4.1 Porquê a energia solar nos países da África Subsariana?

De acordo com Glennon, Robert & Reeves, Andrew M. (2010), a energia solar está atualmente a criar muitos postos de trabalho e fornece energia aos sectores doméstico, industrial e comercial. O crescimento da energia fotovoltaica (PV) tem sido sem precedentes, enquanto as formas tradicionais de fornecimento de energia, desde a nuclear ao carvão, têm permanecido drasticamente constantes. De 1999 a 2008, a energia fotovoltaica registou um crescimento de 347%, com um aumento do número de empresas de 136 para 206, um crescimento de mais de 50% (Glennon & Reeves 2010 pp 93). Com um apoio global para a energia solar como uma alternativa livre de emissões aos combustíveis fósseis, o futuro da energia solar nos países da África subsariana parece brilhante!, Glennon & Reeves (2010 pp.93).

Na perspetiva de Gwynne, Peter & Frishberg, Manny (2013), a tarifa de alimentação (FIT) levou a que várias empresas e governos locais no Japão implementassem projectos de telhados em joint-venture com várias empresas espanholas. Isto torna ideal que os países da África Subsariana desregulamentem o sector da energia para atrair investimentos estrangeiros diretos no sector das energias renováveis numa base comunitária.

Em 2013, as energias renováveis atingiram 81 GW de nova capacidade de produção (PNUA 2014). A capacidade solar (PV) passou de 31GW para 38GW em 2013 e 2012, respetivamente; enquanto a energia eólica caiu de 44GW para 31GW em 2013 e 2012, devido à expiração prevista do crédito fiscal à produção nos Estados Unidos. Em 2013, a capacidade de produção de combustíveis fósseis a nível mundial aumentou em 95 GW, um número embaraçoso para os países da África Subsariana estarem atentos. *A Figura 4. 1 ilustra a tendência da capacidade das energias renováveis.*

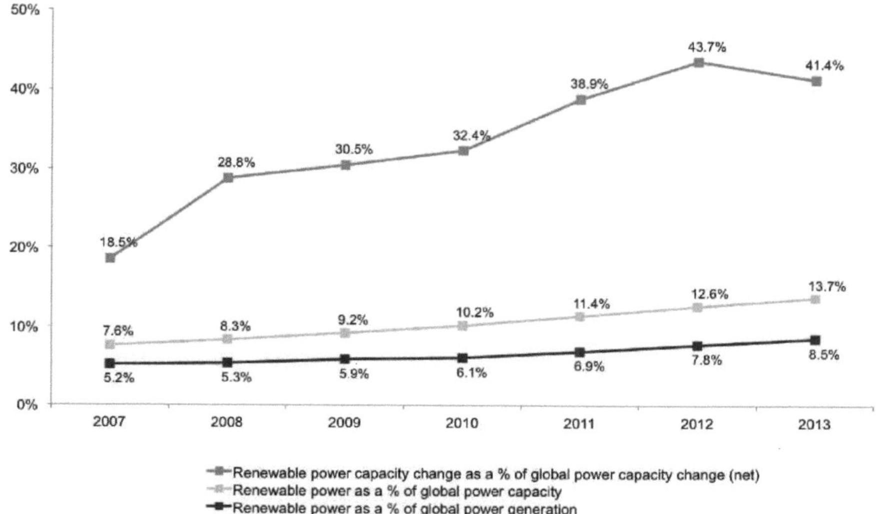

Figura 4.1. Tendências globais das energias renováveis Fonte (UNEP 2014)

Na realidade, os números indicativos mostram uma tendência mais elevada de 41% da capacidade de GW adicionada em 2013, o que eleva a quota das energias renováveis, excluindo a energia hidroelétrica, na capacidade de instalação mundial para 13,7% em 2013. Ueckerdt, Falko et al (2014) analisaram a taxa de crescimento anual das energias renováveis a nível mundial para a energia eólica e solar fotovoltaica de 26% e 54%, respetivamente, de 2005 a 2011. Em 2012, as energias renováveis excederam os combustíveis convencionais (fósseis e nucleares), com a Dinamarca a registar 49%, a Alemanha 23% e a Espanha 32%.

Capítulo 5

5.1 Energia renovável versus não renovável Economia

Walsh, Philip R. Dr. e Ryan Walters, Ryan (2009) indicaram empiricamente que, a nível mundial, as nações estão a responder a uma economia de energia verde que incentiva a utilização de energias renováveis. As nações identificaram o combustível fóssil como o principal contribuinte de gases com efeito de estufa. No entanto, o dilema dos clientes é o processo de decisão de compra entre energia convencional e verde e tecnologia. A ênfase no baixo custo, nos benefícios ecológicos e económicos da energia solar é a base para tomar uma decisão firme entre energia solar/renovável e energia não renovável. Atualmente, os sistemas solares de aquecimento de água são vistos como os produtos mais económicos entre as energias alternativas, oferecendo o melhor período de retorno do investimento, a nível global. Walsh e Sanderson (2008) em (Walsh & Walter 2009) observaram que a tomada de decisão dos clientes sobre o custo da energia é o principal fator no fornecimento de energia. Este fator implica que os países da África Subsariana estejam atentos à promoção de produtos ou projectos de energias renováveis nas áreas necessárias das suas economias. A análise custo-benefício tem de ser claramente integrada nas formas diferenciais de valor, como a aparência, a reputação e o valor social. Os produtos energéticos renováveis têm um benefício social intrínseco relacionado com a redução dos gases com efeito de estufa, enquanto as fontes de energia não renováveis empobrecem a atmosfera através da emissão de gases com efeito de estufa. Além disso, as opções de decisão de todas as nações centram-se nas energias renováveis como fonte de energia alternativa para a redução dos gases com efeito de estufa e não nos emissores. Walsh & Walter (2009) têm dificuldade em quantificar o benefício económico resultante do prémio de preço pago pelas energias renováveis como maior ou menor do que a escolha da opção de energia não renovável. Em alternativa, os autores observaram que os mercados das energias renováveis tendem a desenvolver-se em resultado de "políticas públicas de apoio através dos esforços de interesses comerciais competitivos".

5.1.1 A economia da produção de energia solar

Glennon, Robert & Reeves Andrew M (2010) afirmam que o crescimento da produção solar fotovoltaica aumentou significativamente nos últimos anos, a nível mundial. O projeto solar foi registado como a tecnologia energética de crescimento mais rápido do mundo. O aumento do crescimento reduziu drasticamente os preços dos sistemas, mas a maioria dos sistemas instalados não é economicamente viável à escala dos serviços públicos quando comparada com outras opções de combustível de baixo custo. Esta constatação exige que a tecnologia seja melhorada para obter as economias de escala ideais.

5.1.2 Benefícios económicos dos sistemas solares domésticos

Na perspetiva de Weismantle, Kyle (2014), os sistemas solares domésticos são recomendações fundamentais para o fornecimento de energia sustentável que limita a poluição ambiental. Os sistemas solares domésticos fornecem energia sustentável a casas, indústrias e entidades comerciais para várias operações. A energia solar tem um potencial energético imenso e pode ter muitas vantagens em termos de redução de custos para os clientes, em comparação com a energia convencional produzida a partir de combustíveis fósseis. A energia solar, embora com intermitência de energia devido ao inevitável pôr do sol, tem um fornecimento de energia sustentável. De acordo com Weismantle (2014), a energia solar divide-se em quatro categorias principais: fotovoltaica (PV), energia solar concentrada (CSP), aquecimento solar de água e aquecimento e arrefecimento solar de espaços. Os sistemas domésticos (PV) convertem diretamente a energia do sol para gerar eletricidade para iluminação e refrigeração. Os sistemas são avaliados de forma ideal com requisitos de itens domésticos preferenciais que correspondem aos sistemas fotovoltaicos instalados.

Na perspetiva de (Eisen, Joel B. 2010), existem enormes benefícios económicos para os proprietários de casas que geram energia suficiente para abastecer as suas casas e resolver problemas formidáveis relacionados com o clima. Os benefícios brutos para a SSA e para a sociedade global da utilização de sistemas solares domésticos são a redução do aumento da temperatura global e o fornecimento de energia sustentável.

A maioria dos painéis solares típicos tem um tempo de vida útil entre 20 e 30 anos. As baterias de iões de lítio têm um tempo de vida entre 10 e 15 anos, o que as torna competitivas em relação à eletricidade convencional.

A autonomia do sistema de armazenamento de energia na ausência total de luz solar é calculada da seguinte forma *As caraterísticas de descarga da bateria DC 225 Ah C10 6V (da folha de dados) são as seguintes*

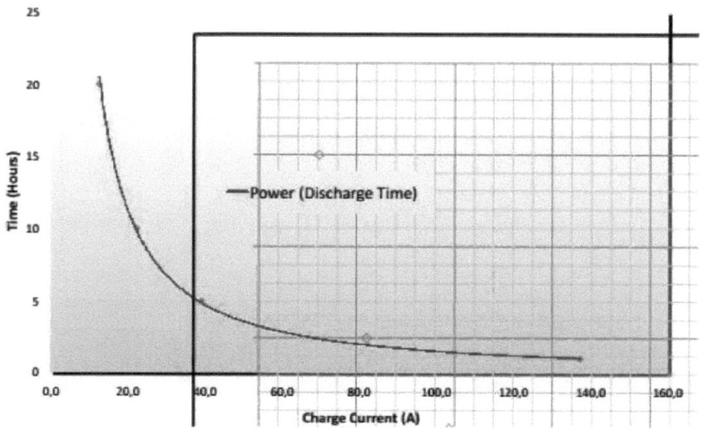

Figura 5.1 Autonomia da bateria. Fonte :(German-Netz 2015)

Esta análise indica um cenário de poupança de energia numa base de 24 horas para utilização posterior.

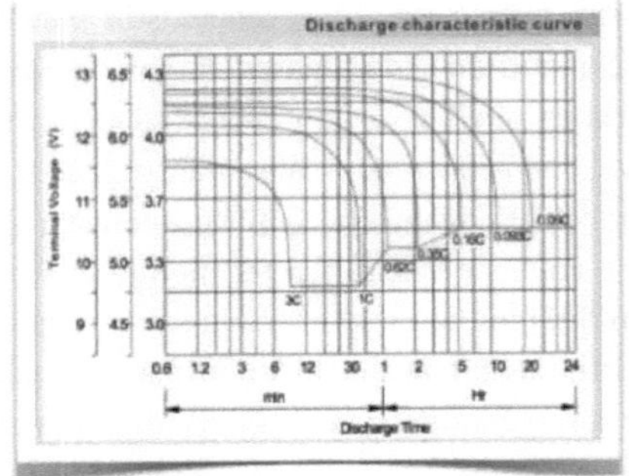

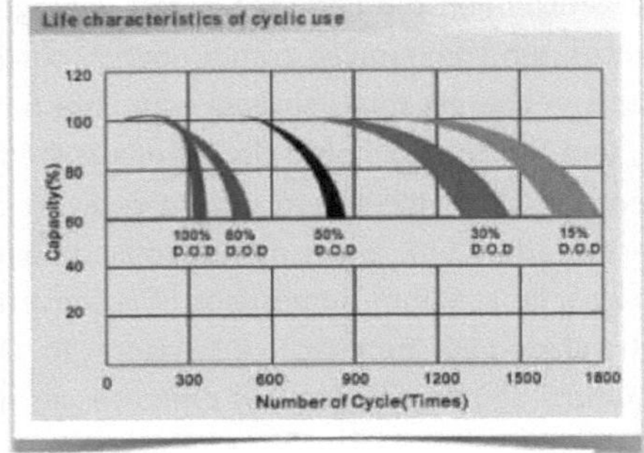

Figura 5.2 Fonte de descarga e duração da bateria (German-Netz 2015)

A curva caraterística de descarga mostra a eficácia da instalação de armazenamento de energia que vem com um sistema inteligente de monitorização de energia e uma configuração de rede eléctrica trifásica.

Capítulo 6

6.1 Uma nova reviravolta na conceção de células solares

Nelson, Jim (2012) aumentou drasticamente a eficiência da célula do painel solar em 25% de eficiência de conversão com uma superfície integrada de recolha de luz de grande ângulo. Este novo desenvolvimento de células 3D é capaz de produzir 200% mais energia do que as células solares convencionais. Esta abordagem inovadora pode garantir o fornecimento de energia aos clientes através de políticas governamentais de apoio aos benefícios económicos dos clientes. A figura 6.1 *apresenta os resultados da investigação.*

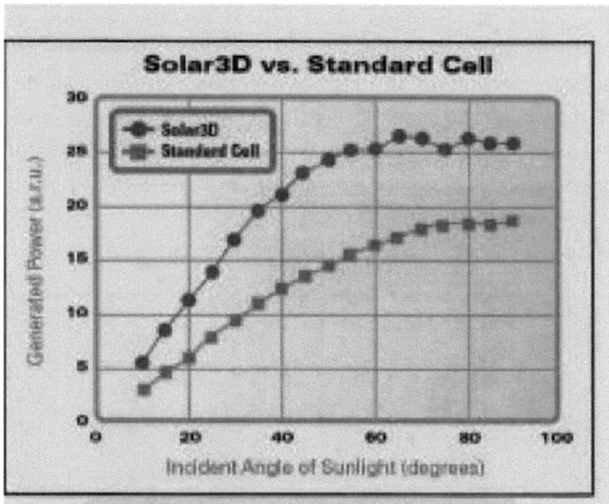

Figura 6.1 Solar 3D vs. Célula padrão Fonte: (Nelson 2012)

Samada, Hussain. A et al (2013), no seu relatório do Banco Mundial, reconhecem a eletricidade solar como um pilar fundamental da iniciativa Energia para Todos sustentável da Organização das Nações Unidas (ONU). Os autores vêem a energia solar como um recurso que pode melhorar o bem-estar de milhões de cidadãos dos países da África Subsariana que vivem sem acesso à eletricidade. (Barnes 2007; Zerriffi, 2011) em Samada et al (2013) indica os enormes desafios enfrentados pelas zonas rurais pobres para obter eletricidade para iluminação, aquecimento, cozinha e outros fins de produção. Eisen, Joel. B. (2010) afirma, comparativamente, que a energia solar não requer novas capacidades de transporte para acomodar a capacidade de produção. O sistema recomendado pelo investigador académico é um HUB central para a distribuição de energia a várias comunidades e zonas rurais. Isto reduz basicamente o custo para o utilizador final com condições de pagamento sustentáveis e acessíveis. No entanto, a eletricidade convencional requer vários custos adicionais de materiais para estender a eletricidade às comunidades e zonas rurais a preços subsidiados para os cidadãos. Eisen (2010) analisou a implantação de instalações de energias renováveis e de energias convencionais e apercebeu-se do custo crescente da construção de centrais eléctricas, enquanto as renováveis têm tendência para uma implantação rápida. A regulamentação das alterações climáticas, se for devidamente planeada, pode eliminar a opção tradicional de produção de carvão. É um momento oportuno para os países da África subsariana se adaptarem à energia solar para aumentar as necessidades de vários milhões de pessoas que vivem sem acesso à eletricidade do que a construção de uma nova central eléctrica convencional.

Estas famílias pobres têm um acesso limitado à eletricidade ou não têm capacidade para pagar aos fornecedores de serviços de energia. (Jacobson, 2007; Wamukonya, 2007; Zerriffi, 2011; Brass et al., 2012) em Samada et al (2013) recomenda que os países da ASS considerem o investimento em projectos de eletrificação solar fora da rede para as zonas rurais como uma fonte de energia alternativa viável para a produção de eletricidade em relação às abordagens convencionais. O PNUA (2014) fornece uma análise comparativa entre o investimento em energias renováveis e em combustíveis fósseis, conforme *ilustrado na Figura 6.1.2, para os países da África Subsariana examinarem:*

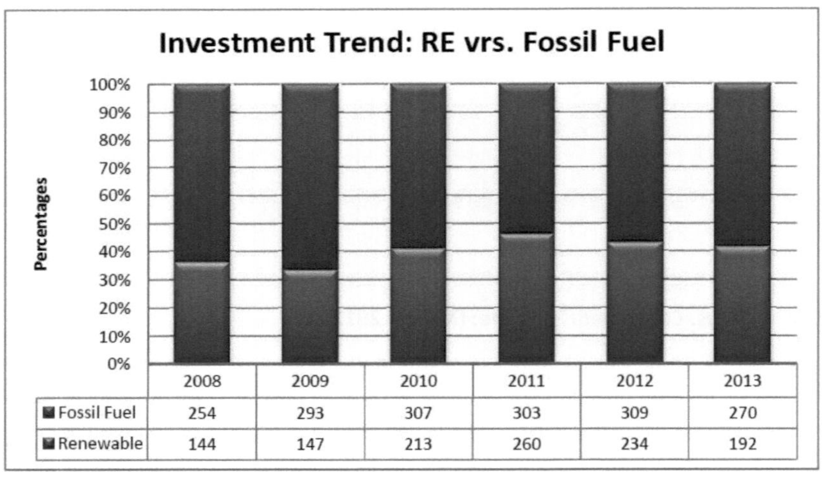

	2008	2009	2010	2011	2012	2013
Fossil Fuel	254	293	307	303	309	270
Renewable	144	147	213	260	234	192

Figura 6.1.2 Investimento em energia renovável comparado com o investimento bruto em energia de combustíveis fósseis, 2008-2013, $BN Fonte: Autor (Dados UNEP 2014)

Na figura 6.1.2, o PNUMA (2014) esclarece o aumento da tendência de mudança na geração de eletricidade renovável de 7,8% em 2012 para 8,5% em 2013. Esta tendência mostra significativamente o interesse desenvolvido pela maioria dos países pelas energias renováveis, precisamente, a energia solar. No entanto, na opinião do investigador académico, os países da África Subsariana com maior insolação não conseguiram investir significativamente na energia solar como fonte de energia alternativa para os seus cidadãos. Em vez disso, muitos países da África subsariana pediram dinheiro emprestado para subsidiar a energia convencional para obter ganhos políticos. Se os países da África

Subsariana conseguirem definir cenários para identificar potenciais fontes de investimento para a energia solar, em combinação com a eficiência energética, obterão crescimento económico e fornecimento de energia sustentável.

Urpelainen, Johannes & Yoon, Semee (2014) viram a importância da eletrificação fora da rede como uma solução clara para as necessidades de eletricidade das zonas rurais. A eletrificação fora da rede ajudará os mais de mil milhões de pessoas na África Subsariana e no Sul da Ásia que não têm acesso à eletricidade doméstica básica. As qualidades do sistema solar fora da rede são a ausência de fornecimento intermitente ou de flutuação da tensão, mas um fornecimento de energia mais elevado e sustentável. Numerosos estudos realizados por (Cook, 2011; Dinkelman, 2011; Khandker, Barnes, e Samad, 2013) em Urpelainen, Johannes & Yoon, e Semee (2014) mostram que a melhoria da qualidade dos habitantes das zonas rurais através do acesso aos meios de comunicação electrónicos reduz as despesas com a utilização de combustível e melhora a educação das crianças.

Capítulo 7

7.1 Princípios para decisores políticos e profissionais

Sovacool, Benjamin K (2012) observou que a maioria dos decisores políticos nunca teve em consideração os benefícios da energia solar para os utilizadores finais. O autor realizou uma análise qualitativa e recomendou vários cenários políticos para os decisores políticos, engenheiros de desenvolvimento e académicos. Sovacool (2012) indica ainda que, embora a energia solar seja dispendiosa, os seus benefícios económicos, como a redução do consumo ou do preço dos combustíveis, a melhoria da tecnologia, a redução dos gases com efeito de estufa na atmosfera e a melhoria da saúde, são as vantagens mais proeminentes. De acordo com Sovacool (2012), mais de 1,6 milhões de pessoas morrem todos os anos de mortalidade prematura devido à utilização da combustão sólida de biomassa, sendo a maioria crianças em países pobres.

Em segundo lugar, Sovacool (2012) aconselha os engenheiros a realizarem sempre a viabilidade como uma ferramenta de avaliação para um desenvolvimento eficaz do projeto.

Em terceiro lugar, os países da África Subsariana têm de procurar escolher entre os "projectos dos doadores" e o sistema de repartição (PAYG). Deve ser dada preferência à escolha da propriedade comunitária para um programa eficaz.

Em quarto lugar, um programa/projeto eficaz deve incluir um serviço pós-venda como garantia para encorajar iniciativas solares comunitárias. A responsabilidade social pode ser associada à formação dos jovens na instalação e manutenção das centrais existentes.

Em quinto lugar, os programas podem iniciar programas de bolsas de estudo para filhos brilhantes de utilizadores finais como iniciativa de motivação. A empresa pode subsidiar cursos universitários em ciências, engenharia e áreas de interesse relacionadas para funcionários dedicados.

Em sexto lugar, os programas de referência de desempenho podem ser cumpridos através da atribuição de funções e responsabilidades entre diferentes instituições e actores para reduzir o risco e uma "heterogeneidade institucional" para motivar os actores a controlarem-se uns aos outros.

Em sétimo lugar, os programas devem estar ligados ao microfinanciamento ou a empréstimos baratos para as comunidades elegíveis ou à locação de projectos através do modelo das empresas de serviços energéticos (ESCO), que se preocupa mais com a acessibilidade dos serviços energéticos do que com o cumprimento das metas de capacidade instalada. As ESE consideram basicamente a acessibilidade para cada utilizador final doméstico sem ter em conta o custo da central (Sovacool 2012)

Em oitavo lugar, os engenheiros devem considerar a possibilidade de investir na componente de reforço de capacidades, como esforços dedicados à melhoria da gestão financeira e da cobrança de receitas. Na prática da engenharia da energia solar, é necessário concentrar-se na investigação para a inovação e o avanço tecnológico, bem como no software e nas técnicas de recolha de dados como uma vantagem sobre os concorrentes.

Em nono lugar, os países da África Subsariana devem designar de forma independente agências para avaliar o desempenho dos projectos, bem como sanções rigorosas para os projectos com fraco desempenho que violem as normas programáticas de viabilidade comercial. Os projectos com normas programáticas receberiam apoio do Programa das Nações Unidas para o Desenvolvimento (PNUD)

Em décimo lugar, os governos da África Subsariana devem vincular o seu apoio e resistência a projectos que atinjam os objectivos pretendidos.

Assim que as medidas acima referidas forem rigorosamente cumpridas pelos governos da África Subsariana, os engenheiros estarão em posição de oferecer serviços de engenharia solar de qualidade e garantidos, com benefícios louváveis de economias de escala para os utilizadores finais.

Capítulo 8

8.1 Caraterísticas da rede

Sakhrani, Vivek & Parsons, John E (2010) indicam, em conformidade, a natureza monopolista das redes de eletricidade - transmissão e distribuição - no fornecimento de eletricidade com economias de escala. De acordo com os autores, "existem economias de escala quando o custo médio de produção de uma empresa diminui à medida que a produção aumenta". No entanto, nos países da África Subsariana, verifica-se o oposto: quando a produção aumenta, a produção diminui. Em termos económicos, é mais barato combinar diferentes produtos numa única empresa de produção múltipla para produzir variedades de produtos especializados.

8.1.1 Monopólios naturais

De acordo com Sakhrani & Parson (2010), as redes eléctricas criam economias de escala quando a sua capacidade é capaz de satisfazer a procura de todos os utilizadores da rede no seu território. As economias de escala ocorrem quando o custo médio de produção diminui à medida que a utilização da capacidade aumenta. As economias de escala nos países da ASS, desde a produção de eletricidade, NUNCA foram satisfeitas. A concorrência na produção de eletricidade no território particular dos países da África Subsariana é economicamente ineficaz. Para a viabilidade económica da capacidade de produção, é necessário que um pequeno número de clientes em determinados territórios seja abastecido de eletricidade. O princípio da economia de escala exige que o fornecimento de eletricidade seja considerado como um cenário de fornecimento de vários produtos com várias metodologias para realizar economias de gama. Por conseguinte, os países da África Subsariana, através do fornecimento de energia em redes territoriais, podem reduzir os custos para os utilizadores finais quando fornecem energia a vários clientes num determinado território.

8.1.2 Requisitos de infra-estruturas

Na perspetiva de Weismantle, Kyle (2014), existem muitos modelos de energia solar criados através da colocação de semicondutores de carga positiva contra semicondutores de carga negativa para criar um campo elétrico. A fim de reduzir os custos, os países da África Subsariana podem adotar os sistemas de micro-rede comunitária, que podem reduzir significativamente o custo de instalação em 80% em relação à eletricidade convencional. Para uma estabilidade a longo prazo dos sistemas de produção fotovoltaica, é necessário instalar infra-estruturas adequadas. Os engenheiros devem ter em conta o possível sombreamento das árvores ao instalar os painéis solares fotovoltaicos para uma captação efectiva dos raios solares. Os painéis podem ser instalados em telhados ou noutras estruturas que reduzam a ineficiência do sistema. Os painéis devem ser colocados diretamente para captar a máxima eficiência solar em todas as épocas do ano. A integridade estrutural para suportar o sistema que está a ser instalado é um ponto de avaliação essencial para a instalação e manutenção dos componentes. Os engenheiros podem instalar um sistema autónomo (fora da rede) ou ligado à rede (na rede). As vantagens do sistema ligado à rede são a transmissão ou a venda de energia não utilizada à rede nacional ou à empresa de serviços públicos para obter créditos pelo excesso de eletricidade produzida pelo sistema (Weismantle, Kyle 2014). No entanto, ao nível da comunidade, os sistemas fora da rede são idealmente recomendados, contra o custo adicional da extensão da eletricidade convencional a essas comunidades.

Glennon, Robert & Reeves Andrew M (2010) recordam aos engenheiros solares que devem estar atentos à lavagem periódica do penal para uma radiação efectiva que permita o fornecimento máximo de energia aos clientes. Glennon & Reeves (2010) aconselham ainda que os sistemas solares sejam construídos à escala dos serviços públicos nas cidades urbanas, como uma oportunidade para uma maior instalação no futuro para compensar os custos operacionais através da venda de energia de volta à rede. Outro sistema solar recomendado por (Glennon & Reeves 2010) é o sistema CSP, com a capacidade de reduzir o problema da intermitência, que é uma responsabilidade dos sistemas fotovoltaicos. O CSP utiliza armazenamento térmico, hibridização com gás natural ou sal fundido. Os sistemas CSP são capazes de enviar energia para a rede mesmo ao pôr do sol. A CSP tem quatro abordagens distintas: solar trough, Fresnel linear; torre de potência e prato/motor. Do ponto de vista da engenharia, o coletor solar, o Fresnel linear e a torre de energia têm a capacidade de gerar calor suficiente para ferver água e criar uma equipa de exaustão que pode fazer girar a turbina para gerar eletricidade. Curiosamente, a CSP utiliza o sol e não o carvão, o que a torna amiga do ambiente.

Abdulsalam, D et al (2013) enfatizaram a necessidade de os países da África subsariana implementarem sistemas solares domésticos como meio de fontes de energia renováveis sustentáveis e adequadas para o fornecimento de energia eléctrica doméstica. Os autores observam uma radiação global anual de 22,88MJ/m/dia, o que torna acessível a implementação da energia solar a nível global como um esforço para reduzir os desafios das alterações climáticas.

Capítulo 9

9.1 A energia solar urbana como uma tecnologia disruptiva

Eisen (2010) indica que as tecnologias solares *"inicialmente"* "têm um desempenho inferior ao das tecnologias existentes" que as podem apanhar e ultrapassar. Evidentemente, ficou provado que "a disrupção é sinónimo de velocidade e de uma deslocação abrupta da trajetória de uma indústria". A nova inovação apanha uma e substitui rapidamente a tecnologia existente (eletricidade convencional). As áreas-chave na teoria da disruptividade exigem que a tecnologia seja medida ao ver como revolucionou os benefícios ambientais competitivos derivados da nova tecnologia. No entanto, Eisen (2010) afirma que o sucesso da tecnologia solar necessita de apoio governamental através de políticas, mecanismos reguladores e de incentivo para atingir os seus objectivos disruptivos.

Eisen (2010) vê a energia solar como um avanço tecnológico perfeito que pode facilmente interromper a eletricidade convencional e, ao mesmo tempo, ajudar a reduzir as emissões de gases com efeito de estufa. A definição de um objetivo para a implementação da energia solar a todos os níveis da economia da África Subsariana reduzirá substancialmente o custo dos painéis. Eisen (2010) aconselha os engenheiros a melhorarem a tecnologia do sistema como forma de reduzir os custos para uma implantação efectiva nas zonas rurais da ASS. O problema associado à utilização da energia solar é conseguir que os consumidores se adaptem, em combinação com a maturidade tecnológica. A solução consiste simplesmente em obrigar as novas habitações e os locais remotos a instalarem energia solar. A implementação de normas de carteira renovável (RPS) para que as novas empresas de serviços públicos produzam uma percentagem específica da sua eletricidade a partir de fontes renováveis é essencial, se incentivada pelos governos. *A questão é "qual será a melhor abordagem para uma implantação generalizada da energia solar?* A resposta, de acordo com Eisen (2010), são as tecnologias que "alteram drasticamente o panorama competitivo, introduzindo uma dimensão de desempenho com a qual as tecnologias anteriores não competiam".

9.1.1 Criar expectativas para as tecnologias emergentes

Nissila, Heli et al (2014) aconselha as nações a procurar tecnologias avançadas como forma de salvar os actuais desafios ambientais que enfrentamos. Estas tecnologias devem centrar-se em fontes de energia limpa derivadas diretamente das energias renováveis. Desde então, as energias renováveis têm sido recomendadas como uma energia limpa e sustentável, sem grandes incertezas. (van Lente, 1993; Borup et al., 2006; Konrad et al., 2012) em Nissila, Heli et al (2014)***, na*** sua investigação pioneira sobre a sociologia das expectativas, aponta "para a forma como as promessas de expectativas e as ideografias políticas funcionam no desenvolvimento tecnológico", observando três factores: i) gerar um objetivo comum através da reunião colectiva; ii) atrair financiamento para I&D e apoio político para alterações regulamentares e institucionais; iii) processo de orientação significativo para cientistas, engenheiros e investigadores; iv) reduzir a incerteza percebida.

Walsh, Philip R et al (2009) indica que, para que os engenheiros solares sejam competitivos, é necessário um processo sequencial de inovação melhorada para manter o carácter único da energia solar. A sequência representa as partes tecnológicas subjacentes essenciais incorporadas no produto. A inovação fundamental aceitável pelo cliente para a vantagem competitiva é a perceção da facilidade de utilização e da utilidade do produto.

Capítulo 10

10.1 Gestão do lado da oferta

Para que os países da ASS alcancem a utilidade percebida da tecnologia solar, de acordo com (Bush, Victor m 2013), é necessário que a gestão do lado da oferta seja implementada na aquisição de painéis fotovoltaicos. A energia solar, várias actividades podem ser atribuídas a cabos, baterias, lâmpadas, frigoríficos solares, painéis, etc. Os investidores devem estar atentos aos requisitos de cada país em matéria de aquisição e devem ser compreendidos pelos utilizadores finais de energia. De acordo com (Bush 2013), os engenheiros devem integrar o planeamento de recursos nas suas estratégias de aquisição para reduzir os riscos financeiros. Os engenheiros devem ter conhecimentos especializados na compra de materiais na indústria solar como um amortecedor para uma entrega eficaz e garantida do produto. Isto proporciona o retorno do risco para o comprador e o vendedor de energia.

10.1.1 Gestão da procura

De acordo com a perspetiva de Bush (2013), a gestão do lado da procura (DSM), geralmente referida como eficiência energética e conservação, é um elemento-chave na estruturação de projectos renováveis. "Embora a gestão do lado da procura não tenha mudado significativamente, o seu objetivo principal de reduzir a utilização de energia nas instalações ainda está envolvido" (Bush 2013). A energia solar é classificada como a única eletricidade compensadora que reduz os gases com efeito de estufa e as questões ambientais problemáticas.

10.1.2 Planeamento integrado de recursos

De acordo com (Bush 2013), é necessário que as estratégias de gestão do lado da oferta sejam integradas no planeamento dos recursos dos projectos de energia. Nos projectos comunitários solares, a fixação de preços e a medição do consumo de energia são a base sustentável para o seu sucesso. Por conseguinte, os conhecimentos sobre as actividades do lado da oferta e as actividades do lado da procura devem ser integrados para facilitar o acesso aos dados de utilização final e aos dados de entrega para avaliação. O planeamento dos recursos de integração determinaria o kWh de energia utilizado pelos clientes no território. A recolha de dados e a avaliação das cargas horárias de energia são fundamentais para uma gestão eficaz da energia.

10.1.3 Métricas e desempenho

As métricas e os princípios de desempenho no sector da energia exigem que se trate a energia como um ativo ou matéria-prima para institucionalizar a gestão da energia a nível comunitário. É fundamental que as empresas de energia dos países da África Subsariana apliquem práticas e métricas de gestão de activos para estabelecer critérios de justificação económica e objectivos de desempenho para a gestão da energia com vista a alcançar um fornecimento, entrega e rentabilidade sustentáveis. De acordo com (Bush 2013), uma plataforma de gestão de activos bem concebida forneceria dados acessíveis ao pessoal para aferir a utilização e estabelecer objectivos de desempenho para a gestão e as partes interessadas.

Capítulo 11

11.1 Fluxo de receitas

De acordo com Sakhrani, Vivek & Parsons, John E (2010), os encargos com a eletricidade cobrados pelas redes monopolistas são superiores ao custo de fornecimento. Por conseguinte, as receitas das empresas provenientes da venda de eletricidade podem ser reguladas para reduzir o custo de fornecimento. No entanto, na maioria dos países da África subsariana, os reguladores não estão a trabalhar de forma satisfatória para determinar as necessidades dos clientes ou foram politicamente influenciados. Na perspetiva de Sakhrani & Parson (2010), os reguladores são obrigados a "indicar os critérios de suficiência da empresa de rede". No entanto, na maioria dos países da África subsariana, o que muda o jogo é o oposto, em que a influência política se sobrepôs ao quadro de governação da rede.

Um fator-chave a considerar nos países da África Subsariana é o custo da rede que constitui o ativo da empresa. Na perspetiva de Sakhrani & Parson (2010), as linhas de transmissão, os transformadores, as subestações, os dispositivos de comunicação e de proteção, os mecanismos de controlo, etc., são mais elevados do que o custo de funcionamento recorrente da rede, com uma vida útil entre 30 e 40 anos. Estes activos específicos não podem ser facilmente deslocados ou reafectados a outros fins. O benefício económico do equipamento solar também tem uma vida útil entre 20 e 30 anos e pode ser deslocado ou utilizado. A recuperação dos custos dos projectos solares é mais visível do que a de uma instalação de energia convencional nos países da África Subsariana. A prudência económica do investimento, tanto para a energia solar como para a convencional, é uma garantia de recuperação de custos (Sakhrani & Parson 2010), o que só pode ser alcançado através de mecanismos de incentivo adequados.

Capítulo 12

12.1 Emissões e energias renováveis

A figura 3 do PNUA (2014) ilustra a tendência projectada para as emissões mundiais de CO_2 a partir de três previsões - Agência Internacional de Energia (AIE), ExxonMobil e BP. Considerando o nível de investimentos em combustíveis fósseis, as três organizações prevêem trajectórias ligeiramente diferentes, sendo que a Exxon foi muito otimista quanto a um possível pico por volta de 2030. No entanto, as três projectaram um aumento de 20% das emissões de CO_2 em relação ao nível de 2011. De acordo com (Mormann, Felix 2014), a mitigação das alterações climáticas nos países da África Subsariana exige a descarbonização atempada do sector da eletricidade através de esforços concertados dos sectores público e privado para aumentar a eficiência da produção, transporte e utilização final da energia; e a implantação de tecnologias de produção de energia renovável em grande escala. Ueckerdt, Falko et al (2014) analisam objectivos ambiciosos de atenuação do clima através de cenários de avaliação da integração a longo prazo com estudos de avaliação de recursos ascendentes que provaram que as energias renováveis são o potencial interveniente.

Mormann, Felix (2014) indica a essencialidade da promoção da eficiência energética através da implantação de tecnologias de produção de energia renovável de baixo carbono. Indiscutivelmente, os cientistas e economistas recomendam a utilização de tecnologias renováveis como uma ferramenta de redução das emissões de gases com efeito de estufa através da produção de eletricidade. A utilização destas tecnologias de redução trará economia de escala para os utilizadores finais de energia domésticos, industriais e comerciais. A utilização destas tecnologias reduzirá a pressão política e económica para manter a eletricidade acessível e competitiva a nível mundial.

Capítulo 13

13.1 Quadro de política solar

De acordo com Eisen (2010), as políticas governamentais devem incentivar os promotores a oferecer energia solar de forma abrangente como solução energética básica para os proprietários de casas, edifícios comerciais e indústrias. Essas políticas podem regular os serviços de utilidade pública para capitalizar tanto as economias de escala da realização de instalações múltiplas como as economias de escala regulamentares através da intervenção do governo na remoção dessas barreiras.

Na perspetiva de Weismantle, Kyle (2014), é necessário um quadro político para a energia solar que vise a competitividade da tecnologia de instalação solar fotovoltaica em comparação com as fontes convencionais de produção de energia eléctrica. A diferença de preços só pode ser colmatada através de subsídios, devendo as empresas de eletricidade obter uma determinada percentagem do seu abastecimento de energia a partir de fontes renováveis. Nos países da África Subsariana, as empresas imobiliárias podem ser proibidas de utilizar energia eléctrica convencional se estiverem localizadas fora de uma área povoada. Essas empresas imobiliárias podem ser sujeitas a um regulamento de zonamento e a um pacto restritivo de utilização exclusiva de energia solar. Para acelerar o licenciamento da instalação, os requisitos administrativos e de licenciamento podem ser acelerados a nível regional ou municipal. Essencialmente, também, são os programas de incentivo, tais como tarifas de alimentação e incentivos à aquisição de recursos de implementação.

13.1.1 Variedades de conceção da política em matéria de energias renováveis

Groba, Felix et al (2011) recomendam aos governos que caracterizem duas dimensões regulamentares para as energias renováveis. Em primeiro lugar, as políticas que visam o preço da eletricidade renovável ou a quantidade produzida. Em segundo lugar, políticas de apoio ao investimento para a produção de energia renovável, conforme indicado pela geração (Haas et al. 2004, Haas et al. 2008, Menanteau et al. 2003) em Groba (2011). Regimes regulamentares que se centram nos benefícios ambientais, como as alterações climáticas e a poluição, no risco de segurança nacional associado aos combustíveis fósseis e na captação de mercados dominados pelos combustíveis fósseis.

Crossley, Penelope J. (2013) recomenda a fixação de incentivos para sistemas de produção orientados superiores ou iguais a valores específicos. Estas especificidades estão associadas a uma percentagem do custo total dos subsídios para os sistemas ligados à rede (50%) e a uma percentagem de 70 do custo para os sistemas fora da rede, juntamente com apoio tecnológico e incentivos de mercado. Estes mecanismos poderiam aumentar a utilização da energia solar em várias capacidades a preços acessíveis. Basear os objectivos nos seguintes aspectos:

i) Regulação da produção de energia solar fotovoltaica;

ii) Promover o desenvolvimento sustentável da indústria solar fotovoltaica;

iii) Desenvolver um parâmetro de referência nacional unificado para o regime de preços da eletricidade solar;

iv) Desenvolvimento de mecanismos de incentivo à redução de emissões;

v) Medidas regulamentares de controlo da criação de emprego.

Com os cinco objectivos acima referidos implementados e apoiados pelos governos, os contribuintes recebem uma boa aplicação do dinheiro. Estes valores são obtidos através da criação de emprego qualificado, da criação de emprego pouco qualificado e da possível produção comercial de células solares através do mecanismo de incentivo criado pelo governo.

Eisen (2010) afirma que a incerteza regulamentar pode dificultar o interesse das empresas em investir na produção de energia solar ou na produção de células. Eisen recomenda que os incentivos estejam ligados ao apoio governamental que não interromperá de forma inconsistente o fornecimento e a entrega de energia solar. Os governos da África Subsariana devem regular todos os regimes de incentivos para a sua sobrevivência, a fim de evitar inconsistências no fornecimento de tais incentivos às empresas e indivíduos necessários.

Para obter melhores economias de escala na distribuição e produção, os governos da África Subsariana devem exigir aos investidores um sistema de monitorização integrado. Estes sistemas de monitorização abrangem a produção, a distribuição e a utilização final da energia como medida de proteção. Esta medida de proteção determinará a entrega da energia final diretamente aos utilizadores finais como meio de estratégia de eficiência energética para reduzir ou minimizar o roubo. Esta tecnologia de sistemas integradores pode ser aplicada nos países da África subsariana que não dispõem de um sistema integrador de redes inteligentes. Estas medidas regulamentares devem ser inseridas em todos os acordos de produção de energia para empresas novas e antigas. Isto aumentaria significativamente as receitas dos distribuidores, ao mesmo tempo que proporcionaria regimes de preços de referência para as empresas.

Capítulo 14

14.1 Seguro de poupança de energia

A eletricidade solar tem muitas vantagens em termos de custos, mas é considerada dispendiosa e inacessível nas economias em desenvolvimento. No entanto, Micale, Valerio et al (2015) introduzem ou recomendam uma apólice de seguro/instrumento que pode estimular os investimentos em eficiência energética. A energia solar, uma vez que dispõe de um mecanismo de distribuição eficaz, tem sido considerada uma fonte de eficiência energética que reduz as emissões de gases com efeito de estufa paralelamente à eficiência energética. Micale et al (2015) introduziram um instrumento de seguro de poupança de energia para mitigar os factores de risco que as pequenas e médias empresas encontram na avaliação das poupanças de energia reais previstas. Os países da África Subsariana poderiam capitalizar a transformação das suas necessidades energéticas através da implementação de um instrumento de apólice de seguro com medidas complementares que abordem a capacidade técnica, o acesso ao capital e outras barreiras ao investimento em eficiência energética. A vida útil da tecnologia solar é de 20-30 anos para os painéis, enquanto a das baterias é estimada em 15 anos (iões de lítio). Por conseguinte, Micale et al (2015) sugerem aos países da África Subsariana que introduzam instrumentos de seguro que possam cobrir até 80% do custo do projeto de investimento inicial com um prazo de 20 ou 25 anos, em vez da cobertura normal de 8 anos para a tecnologia. Micale et al (2015) fornece o quadro para os decisores políticos abaixo:

- A parte do pagamento é retida para cobrir soluções tecnológicas durante um período de tempo, enquanto o investimento inicial cobre o custo do equipamento. Os investidores pagariam então o desempenho tecnológico e os custos de manutenção anualmente com base no desempenho energético e no total de gases com efeito de estufa poupados ao abrigo do programa MDL;

- Para incentivar economicamente os fornecedores de equipamentos e serviços a fornecerem tecnologia de qualidade e necessária, recomenda-se que seja incluída no contrato uma cláusula de poupança partilhada de 50% a favor da tecnologia;

- O prémio anual, se baseado em 1-3% do valor total segurado com cobertura mais próxima do período de retorno do investimento, é viável. No cenário da energia solar, o cliente é responsável pelo pagamento de 0,5% do prémio à companhia de seguros; enquanto a companhia de seguros também paga 95% pela solução tecnológica (tecnologia solar);

- Os bancos locais concederão um prémio para cobrir o fornecedor de equipamento como parte dos seus requisitos de financiamento.

A apólice de seguro reduzirá significativamente o custo da energia solar para o utilizador final e aumentará os investimentos diretos estrangeiros nos programas de erradicação da "pobreza" energética na África Subsariana.

O processo recomendado é ilustrado na figura 14.1 abaixo.

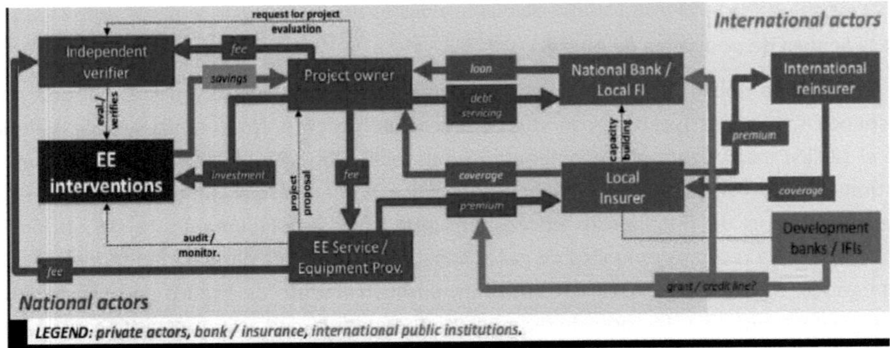

Figura 14.1 Mecanismo de seguro de poupança de energia/mecanismo de seguro de equipamento solar: Fonte (Micale et al 2015)

Micale & Deason (2014) apresentam vários mecanismos de apólice de seguro para consideração dos países da África Subsariana.

Para as partes interessadas:

- Os bancos locais mandatados devem coordenar os diferentes elementos a nível nacional para apoiar a iniciativa de financiamento dos seguros. A instituição mandatada deve estabelecer parcerias com organizações internacionais para interagir com seguradoras locais e companhias de resseguros internacionais; avaliadores independentes de terceiros; bancos comerciais locais; e fornecedores de serviços de energia (ESP). De acordo com Micale & Deason (2014), a título de ilustração, é aconselhável recomendar aos países da África Subsariana que associem as iniciativas de energia solar à agenda nacional através da implementação de instrumentos legais/regulamentares compatíveis com o ambiente local.
- As seguradoras locais devem também ser orientadas para a cobertura do projeto de propriedade com base num prémio pago pelos prestadores de serviços de eficiência energética ou pelos fornecedores de equipamento.
- Os países da África Subsariana devem implementar medidas de monitorização e avaliação dos prestadores de serviços e fornecedores de equipamento energeticamente eficientes através de validadores técnicos independentes.

- Os doadores internacionais e as instituições de financiamento do desenvolvimento apoiadas pelos doadores podem também prestar assistência técnica aos países da África Subsariana através de iniciativas para a adoção de leis e regulamentos sólidos de apoio à energia, como medidas de garantia fundamentais para uma implementação bem sucedida do instrumento.

14.1.1 Inovação e eliminação de barreiras

Micale et al (2015) sugerem que os instrumentos de eficiência energética sejam direcionados para os países da África Subsariana com uma apólice de seguro para complementar outras iniciativas de eficiência energética. Para avaliar a capacidade de inovação, é necessário que os potenciais processos de implementação sejam comparados com os programas existentes que visam sectores de mercado de eficiência energética semelhantes. A inovação nas estratégias de remoção de riscos é necessária para ajudar os vulneráveis na sociedade. Essas medidas inovadoras devem ser um mecanismo de verificação de seguro de terceiros e um contrato de desempenho padrão concebido e implementado por uma parte independente reconhecida para ajudar a aumentar a certeza do mercado e promover a procura de investimento em energias renováveis e eficiência energética. A validação por uma terceira parte independente e o contrato-tipo de desempenho reduzirão os prazos do regime de conflitos jurídicos.

14.1.2 Obstáculos indireta ou parcialmente abordados pelo instrumento e componentes

Na perspetiva de Micale et al (2015), o financiamento da eficiência energética e das energias renováveis não deve basear-se na solvabilidade do balanço dos clientes, como exigido por lei. A apólice de seguro deve ser concebida de forma a ter um impacto significativo no financiamento do empréstimo relacionado com o projeto de energia solar ou renovável que se encontra totalmente fora do balanço através de uma estrutura de veículo de finalidade especial (SPV); ou um instrumento abrangente de atenuação do risco como alternativa para fazer face aos riscos percebidos pelos bancos.

Capítulo 15

15.1 Fontes de capital

Matsui, Richard & Malaya Nicholas (2014) indicam como as empresas de energia solar estão a explorar avidamente os mercados de capitais institucionais para a expansão do negócio. Muitas das empresas de energia solar estão atualmente à procura de capital próprio, financiamento da dívida do projeto e capital fiscal a partir de um conjunto mais vasto de capitais, como os mercados de empréstimos de activos. Para maximizar o risco, as empresas devem securitizar, considerando o antigo modelo financeiro - empréstimo hipotecário aos utilizadores finais, em que os bancos fornecem adiantamentos às empresas de instalações solares em troca de fluxos de caixa estáveis e a longo prazo, tendo a propriedade como garantia. Uma variável económica é a vinculação das instalações em colaboração com os pedidos dos clientes dos promotores imobiliários ao abrigo de um contrato de hipoteca de compra. A variável de risco associada a este modelo é a garantia de fornecimento de energia sustentável a partir da central solar instalada. Para tal, é necessário que as instalações sejam efectuadas de acordo com as normas internacionais de conformidade. Uma vez que a instalação esteja em conformidade com as normas internacionais, os painéis são garantidos por um período específico que varia entre 20 e 30 anos. Isto dá confiança ao investidor para investir com base em fluxos de caixa indicativos.

15.1.1 Financiamento público

Na perspetiva de Crossley, Penelope J. (2013), a energia solar poderia ser mais barata se os governos pudessem fornecer financiamento tendo em conta as externalidades ambientais. As externalidades podem ser internalizadas através de um pequeno prémio para incentivar a utilização da energia solar em várias capacidades. Eisen (2010) indica, sem dúvida, que esses programas de incentivo, por si só, não podem tornar a energia solar atractiva para o utilizador final; mas os atributos de geração, transmissão e distribuição que levam a energia a casa são factores que podem incentivar os utilizadores finais. A sustentabilidade do fornecimento e o preço são outros factores ou atributos que os clientes consideram quando estão prontos para utilizar a energia solar. Embora a energia solar seja atualmente cara, o custo da energia é sustentável em comparação com a energia convencional que utiliza combustíveis fósseis na produção.

Capítulo 16

16.1 Inovação de recursos

Monk, Ashby et al (2015) indicam como as nações podem beneficiar da energia solar, o que limita as alterações climáticas globais através das emissões de gases com efeito de estufa provenientes de processos industriais criados pelo homem. A investigação indica que a eletricidade, os transportes, o calor dos edifícios comerciais e residenciais, a produção de produtos químicos e cimento, a extração, refinação e processamento de petróleo e gás, a alteração do uso do solo, como a desflorestação, as práticas agrícolas como a pecuária e a gestão dos solos em aterros sanitários, etc., são os principais emissores de gases com efeito de estufa. No entanto, se os países da África Subsariana puderem incentivar a utilização da energia solar, as emissões de gases com efeito de estufa serão significativamente reduzidas. Como já foi referido, a emissão de gases com efeito de estufa é um fenómeno global que exige uma colaboração colectiva entre os países desenvolvidos e os países em desenvolvimento, que são os principais afectados pelas consequências das alterações climáticas.

Capítulo 17

17.1 Capital concessionado

Monk, Ashby et al (2015) indicam que a inovação de recursos, e não só, em muitos sectores tem utilizado capital concessionado para financiar esses projectos com maior retorno do investimento (ROI). Os empréstimos concessionais são basicamente utilizados para projectos de investimento a longo prazo (LTI) com dois tipos de métodos:

Fundação: Um mecanismo baseado em investimentos relacionados com o programa (PRI). O canal de investimento do projeto PRI é uma subvenção de 5% do lado das operações a uma empresa com fins lucrativos que realiza trabalho relacionado com o programa.

Qualquer doador: a maioria dos indivíduos, famílias, fundações, empresas, etc. podem fazer investimentos filantrópicos através de subsídios dedutíveis nos impostos para a empresa de instalação solar. Estes doadores têm o direito de recuperar o seu investimento através dos sucessos financeiros das empresas.

Atualmente, muitos mercados de capitais estão à procura de investimentos em infraestruturas úteis, tais como projectos solares com tecnologia única. Os governos da África Subsariana devem considerar investir uma parte do seu orçamento em infra-estruturas solares. Existem vários milhares de milhões de fundos de investimento em infra-estruturas que os governos podem obter para se dedicarem especificamente a activos de infra-estruturas solares para aumentar as carências energéticas existentes.

17.1.1 Tributação obrigatória

Um fator a ter em conta neste cenário é a imposição obrigatória da tributação dos activos de infra-estruturas às empresas mais poluentes, tais como fabricantes e vendedores de produtos químicos, empresas petroquímicas-refinarias, fábricas de cimento, empresas de eletricidade (fornecimento de 2% de energia solar no total da produção), empresas de transportes, imposição de energia solar total a casas situadas fora das cidades, onde a energia convencional não está disponível.

17.1.2 Fundos soberanos

Os governos podem canalizar capital para os seus próprios mercados nacionais para obterem rendimentos financeiros competitivos. Os fundos adequadamente canalizados para empresas sérias (profissionais) gerarão significativamente uma taxa interna de retorno (TIR) de dois dígitos. A afetação adequada de recursos a empresas nacionais geraria emprego sustentável através do recrutamento de profissionais e da formação de mais profissionais de instalação solar, (Monk, Ashby et al 2015).

17.1.3 Uma base para os incentivos

Em que base é que as empresas de serviços públicos merecem incentivos para funcionarem corretamente? A resposta varia consoante o aspeto tecnológico. A repartição dos custos da rede é uma tarefa complexa que exige uma compensação pela utilização efectiva. Os incentivos, no sentido económico, são considerados actividades motivacionais que levam o cliente a desejar uma prestação de serviços eficiente ou a capacidade de comprar mais. De acordo com Sakhrani, Vivek & Parsons, John E (2010), os incentivos ajudam a reestruturar os benefícios do mercado no sistema elétrico através de sistemas integrados verticalmente bem coordenados. Nos sistemas de eletricidade reestruturados, as empresas são operadores de rede independentes num quadro de mercado; os sistemas solares funcionam num sistema de distribuição de energia separado para os clientes finais. Na eletricidade solar, o pré-requisito é um quadro de incentivos adequado para a produção, distribuição e clientes finais.

17.1.4 Mecanismos de incentivo

Existem vários mecanismos de incentivo que abordam elementos adequados para os proprietários de casas interessados. De acordo com Eisen (2010), esse mecanismo deve abordar quatro problemas importantes para aumentar a implantação da energia solar urbana e rural. O primeiro recomendado é o elevado custo inicial das instalações solares e os períodos de retorno do investimento; o segundo, o custo de transação associado às instalações solares e a avaliação da tecnologia adequada; o terceiro, a análise da indústria solar e da estrutura de descentralização. O implementador deve considerar as economias de escala ao implantar a energia solar residencial. Uma experiência bem treinada para o fornecimento de energia sustentável é essencial na engenharia da energia solar. A durabilidade dos materiais aplicáveis ajudará o utilizador final a beneficiar economicamente em comparação com a energia convencional. O quarto problema é a incapacidade dos países da África subsariana de oferecer incentivos às empresas interessadas em realizar as potenciais economias de escala regulamentares. Deveria haver uma liberalização do ambiente regulador para os sistemas de energia renovável - obrigando o município a facilitar o licenciamento e as autorizações para as empresas solares interessadas. Eisen (2010) apresenta uma solução de distribuição inovadora para alcançar a "disrupção" na tecnologia solar. A tecnologia disruptiva implica que as tecnologias antigas sejam substituídas por uma tecnologia inovadora para reduzir os custos e as emissões atmosféricas com efeito de estufa. As tecnologias inovadoras que reduzem os custos e aumentam as capacidades são importantes para os países da África Subsariana. Para atingir estes objectivos tecnológicos inovadores, é necessário apoio governamental com mecanismos de incentivo para encorajar o investimento do sector privado e a investigação para atingir as economias de escala (Eisen 2010)

Weismantle, Kyle (2014) recomenda aos países da África Subsariana que concedam facilidades de crédito de 30% para instalações não residenciais. Esta facilidade atrairia mais interesses não residenciais para os sistemas solares fotovoltaicos. Weismantle (2014) incentiva ainda os governos dos países da África Subsariana a concederem créditos fiscais a projectos solares e a fabricantes de tecnologia solar. Uma vez implementadas estas iniciativas, atrairiam o investimento direto estrangeiro (IDE) no fabrico de painéis solares e criariam mais postos de trabalho.

17.1.5 Modelo da procura

Lobel e Perakis (2011) aconselham que a tecnologia seja adoptada com a mudança de comportamento do cliente. A escolha entre a energia convencional e a energia solar deve ser incentivada para atrair a preferência dos clientes. A tarifa concebida destina-se principalmente a beneficiar a propriedade da tecnologia; no entanto, a dos utilizadores finais atrairia mais clientes, reduzindo assim os gases com efeito de estufa e, em geral, o custo da energia. Os países da África Subsariana devem ter em conta os problemas de estimativa e de tractibilidade quando utilizam modelos complexos para abordar os incentivos dos clientes e dos serviços públicos. Os modelos de política tarifária devem abordar a eficiência tecnológica para atrair mais clientes, reduzindo assim o custo dessa tecnologia - efeito de aprendizagem pela prática. De acordo com Micale et al (2015), a objetividade das soluções energéticas da SSA é o impulso tecnológico e o custo. Lobel e Perakis (2011), no seu estudo empírico, observaram um compromisso convexo entre os objectivos de adoção e o custo dos subsídios para quantificar o custo dos objectivos de adaptação. Aconselhadamente, Lobel e Perakis (2011) recomendam a utilização de um caminho de adoção de base direcionado, reduzindo os custos através do aumento dos subsídios iniciais e da redução dos subsídios futuros.

17.1.6 Modelo de escolha do consumidor

Lobel, Ruben & Perakis Georgia (2011), com a melhoria significativa da tecnologia fotovoltaica na última década, resultou na implantação de painéis solares baratos em telhados para consumidores residenciais com a ajuda de programas de serviço público. A conceção e a tecnologia no domínio da engenharia solar são elementos essenciais que os engenheiros devem ter em conta. Para aumentar o défice de energia nos países da África subsariana, os engenheiros devem ter em conta os benefícios para os utilizadores finais resultantes da sua instalação. Os governos da ASS devem incorporar o profissionalismo nos descontos de instalação, tarifas de alimentação ou empréstimos subsidiados.

A recomendação política seria o "efeito de aprendizagem pela prática", que basicamente resulta em incentivos iniciais mais elevados e numa eliminação mais rápida. Este cenário de incentivos exige que o objetivo de ganhos esteja ligado à capacidade de produção na data prevista - um objetivo de ganhos de 200 milhões de dólares durante um período de 10 anos deve ser igual à capacidade de produção de 100 MW no mesmo período. Esta ferramenta de otimização de cenários sugere que se obtenham poupanças líquidas actuais durante o mesmo período, sem deixar de atingir o mesmo nível de adaptação previsto. Uma dessas externalidades, de acordo com (Lobel, Ruben & Perakis Georgia 2011), é o efeito de aprender-fazendo que reduz o custo que se segue ao processo de adoção. Vários investigadores, tais como (Harmon 2000; IEA 2000; McDonald & Schrattenholze 2001; Nemet 2006; Bhandari & Stadler 2009) em Lobel e Perakis (2011), estudaram amplamente o efeito do processo de aprendizagem pela prática e descobriram o seu impacto significativo na economia da energia solar.

Wiseman & Bronin (2013) encontraram três desafios para aumentar substancialmente a energia renovável à escala comunitária nos países da África subsariana. O projeto solar comunitário tem de ser localizado numa comunidade populosa para regular a compra, a instalação e a rentabilidade da utilização. Em segundo lugar, as empresas devem definir critérios para a instalação e monitorização do equipamento para o fornecimento eficaz de energia aos utilizadores finais; e, em terceiro lugar, a educação dos utilizadores finais sobre os benefícios em termos de custos da energia solar em comparação com a energia convencional produzida a partir de combustíveis fósseis.

Chintagunta, Pradeep K & Nair Harikesh S (2010) indicam a importância da análise da procura como um ponto central na comercialização da energia solar. Os autores aconselham que sejam utilizados modelos de procura para prever o fornecimento de eletricidade aos clientes em conformidade com as políticas disponíveis. A engenharia solar exige que os modelos positivos de procura sejam utilizados para testar teorias de resposta do consumidor e como quantificador num ambiente competitivo. A proliferação de dados, o contexto e a motivação podem desempenhar um papel significativo na escolha dos modelos de procura por parte dos clientes no que respeita à propriedade (equipamento solar) e à utilização pretendida. Chintagunta, Pradeep K & Nair Harikesh S (2010) aconselharam ainda os engenheiros solares a incorporar ideias da microeconomia, da psicologia, da estatística e da sociologia como os seus pontos fortes de marketing para modelar a procura dos consumidores. Esta abordagem proporcionará uma vantagem na análise da procura dos clientes para a previsão futura das vendas, para o planeamento das existências e para a compreensão das consequências para os lucros de potenciais estratégias de mercado.

Chandukala, Sandeep R et al (2008) observaram que a escolha do consumidor é o maior desafio da investigação no domínio do marketing da energia solar. Do ponto de vista da economia comportamental, a escolha apresenta-se em muitas variedades e formas; pode ser discreta na seleção da tecnologia ou contínua na seleção de múltiplos produtos. A deliberação cuidadosa, o hábito ou as reacções espontâneas do cliente às variáveis tecnológicas são elementos-chave para os reguladores, engenheiros e técnicos dos países da África Subsariana observarem como um conceito padrão para compensações que podem ou não ser compensatórias.

Capítulo 18

18.1 Mecanismos de incentivo fiscal mais inteligentes para as energias renováveis na África Subsariana

Na perspetiva de (Mormann, Felix 2014), os mecanismos de incentivo fiscal têm sido o principal pilar por detrás das histórias de sucesso das tecnologias de energias renováveis durante mais de duas décadas. Estes mecanismos de incentivo têm dois instrumentos distintos para os países da África Subsariana considerarem, tais como: Taxas de depreciação aceleradas e créditos fiscais. Wilson, M (2007) afirma que a necessidade de compensar os custos de inovação incentiva os proprietários de edifícios a maximizar a eficiência energética. As taxas de depreciação aceleradas destinam-se a bens de capital para estimular o crescimento económico, em geral para promover a energia solar, eólica e outras instalações renováveis, (Mormann, Felix 2014). Wilson, M (2007) sugere aos países da África Subsariana que concedam incentivos aos proprietários de edifícios para que estes desenvolvam melhores projectos que resultem em poupanças de energia significativas para a sua economia. De acordo com o autor, um investimento de 10 milhões de dólares em incentivos para uma melhor conceção resultou num custo anual de energia estimado em 8,6 milhões de dólares para o edifício. Estas poupanças significativas exigem que os países da África Subsariana considerem a implementação de programas de incentivo para novos edifícios.

Mormann Felix (2014) indica empiricamente como as externalidades permitem que as centrais eléctricas a combustíveis fósseis, carvão e gás vendam eletricidade a preços mais baixos do que as centrais eléctricas renováveis. Esta evidência exige que a implantação de energias renováveis seja apoiada por regulamentação para competir em condições de igualdade. Wood, Lisa (2010) recomenda o alinhamento dos incentivos dos serviços públicos com os investimentos em eficiência energética nos edifícios através dos seguintes critérios:

- Recuperação dos custos diretos, em que os serviços públicos podem recuperar as suas despesas diretas com a administração do programa, a sua aplicação e os incentivos aos clientes.
- Recuperação de custos fixos ou de margens perdidas devido à redução das vendas de eletricidade resultante de programas de eficiência, e
- Incentivos ao desempenho, para criar condições de concorrência entre o investimento do lado da oferta e da procura através do investimento em EE.

Mormann (2014) recomenda créditos fiscais ao investimento (ITC) para financiar centrais de energia solar e outras energias renováveis. Créditos fiscais à produção (PTC) para recompensar as centrais de produção de energia eólica e outras fontes renováveis. Mormann (2014) sugere, no entanto, que os países da África Subsariana estejam atentos ao aproveitamento do valor dos créditos fiscais, das taxas de amortização acelerada e de outros incentivos fiscais. Para compensar os incentivos fiscais, é necessário ter uma obrigação fiscal suficiente, como o rendimento tributável. No entanto, a conceção da política dos países da África Subsariana deve ter em consideração a longa durabilidade das energias renováveis, que varia entre 10 e 30 anos, o que permite aos promotores de projectos transportar os incentivos fiscais para utilização futura antes de serem gerados lucros tributáveis.

Weismantle, Kyle (2014) alertou seriamente os países da África subsariana para moderarem as tarifas de alimentação para reduzir o afluxo de empresas que tiram partido das tarifas para inundar o mercado local com produtos de qualidade inferior que podem comprometer os objectivos de prestação de serviços de qualidade a longo prazo.

18.1.1 O crédito fiscal ao investimento

De acordo com Mormann (2014), os decisores políticos em matéria de tecnologia de energia solar devem promover a implantação da energia solar através de políticas de atração a considerar pelos investidores locais e estrangeiros. Os países da África Subsariana devem examinar cuidadosamente os créditos fiscais ao investimento para atrair investimentos para a energia solar como fonte alternativa de energia, a fim de reduzir a sobrecarga dos requisitos de investimento na eletricidade convencional. A energia solar tem vários pacotes de investimento atractivos que os investidores podem facilmente obter para investimento direto em todos os locais da ASS. Com incentivos de investimento consideráveis, os investidores podem investir prontamente em tecnologias renováveis como a energia solar, geotérmica, produção combinada de calor e eletricidade (CHP) e pequenos projectos de energia eólica. O crédito fiscal ao investimento com os utilizadores finais de energias renováveis seria um fator compensador para a produção efectiva de eletricidade. Um crédito fiscal ao investimento no valor de dez por cento pode atrair investidores para a produção de pequenas energias eólica e solar em várias partes da África Subsariana. Cinco anos após a entrada em funcionamento das operações comerciais, o projeto começa a realizar lucros no primeiro ano. A transferência de propriedade antes do período de cinco anos leva à recuperação da parte não investida do crédito. A vida útil da energia solar varia entre 20 e 30 anos se for corretamente instalada e monitorizada ou mantida. Qualquer transferência de propriedade após dois anos deve atrair um reembolso de 60% do custo total do investimento quando o projeto foi colocado em serviço.

Capítulo 19

19.1 Medição líquida

Weismantle Kyle (2014) recomenda a utilização da medição líquida à medida que a procura de energia solar aumenta. Este processo determinará basicamente os padrões de consumo de energia de cada indivíduo no âmbito do sistema. A contagem líquida também determinará o CO2 poupado por cada família.

Capítulo 20

20.1 Programas do Mecanismo de Desenvolvimento Limpo.

Seres, Steven (2008) recomenda aos países da África Subsariana programas de financiamento de transferência de tecnologia ao abrigo do Mecanismo de Desenvolvimento Limpo (MDL) para a redução de emissões. O programa MDL utiliza tecnologias atualmente não existentes nos países da África subsariana. Os programas CDM são aplicáveis no sector da energia, nos sectores dos aterros sanitários e em vários sectores de emissão de gases com efeito de estufa. Vasa, Alexander & Neuhoff, Karsten (2012) recorda aos países da África subsariana que os objectivos do programa MDL incluem aspectos económicos, sociais e ambientais para ajudar na transição dos países em desenvolvimento para uma redução de baixo carbono na ordem dos 50-80% de redução das emissões globais de GEE. Os autores recomendam ainda aos países da África Subsariana que alinhem as estruturas regulamentares e institucionais para atrair investidores para as instalações de produção de energia renovável e eficiente para a transição para o caminho de baixo carbono. De acordo com Vasa & Neuhoff (2012), o MDL registou cerca de 2.500 projectos com emissões de GEE previstas estimadas em 1,9 mil milhões de toneladas, tendo a UE arrebatado cerca de mil milhões de CER para utilização em 20082012. Existem várias categorias de MDL que os países da África Subsariana podem escolher. Os projectos MDL registados no domínio das energias renováveis representam cerca de 61%, seguidos dos projectos de redução do metano, com 23%. Em 2012, a redução de emissões em três categorias de projectos - gases industriais (38%), renováveis (29%) e projectos de metano (19%) - perfazem um total de 86% do total de projectos de redução de emissões registados. Esta estatística mostra realmente a importância dos projectos MDL para os países da África Subsariana através de tecnologias inovadoras.

20.1.1 Projeto de sistema solar fotovoltaico -CHP (Tri-geração)

Do ponto de vista de Nosrat, Amir e Pearce, Joshua, M (2011), os países da África Subsariana podem obter 100% de produção de energia com a combinação de sistemas fotovoltaicos e pequenos sistemas combinados de produção de calor e eletricidade, em vez dos ganhos normais de 45% com o sistema de painéis fotovoltaicos, como uma inovação tecnológica melhorada. Para alcançar os ganhos, é necessário que os engenheiros reduzam o desperdício do excesso de calor gerado por estes dois sistemas através de um chiller de absorção para utilizar a energia térmica produzida pelo CHP a partir do arrefecimento do sistema PV-CHP. A estratégia de despacho pode ser utilizada para arrefecimento, aquecimento de água doméstica, produção de eletricidade e categorias de carga de arrefecimento de espaços. *A Figura 20.1 mostra o diagrama de blocos do sistema PV-CHP*

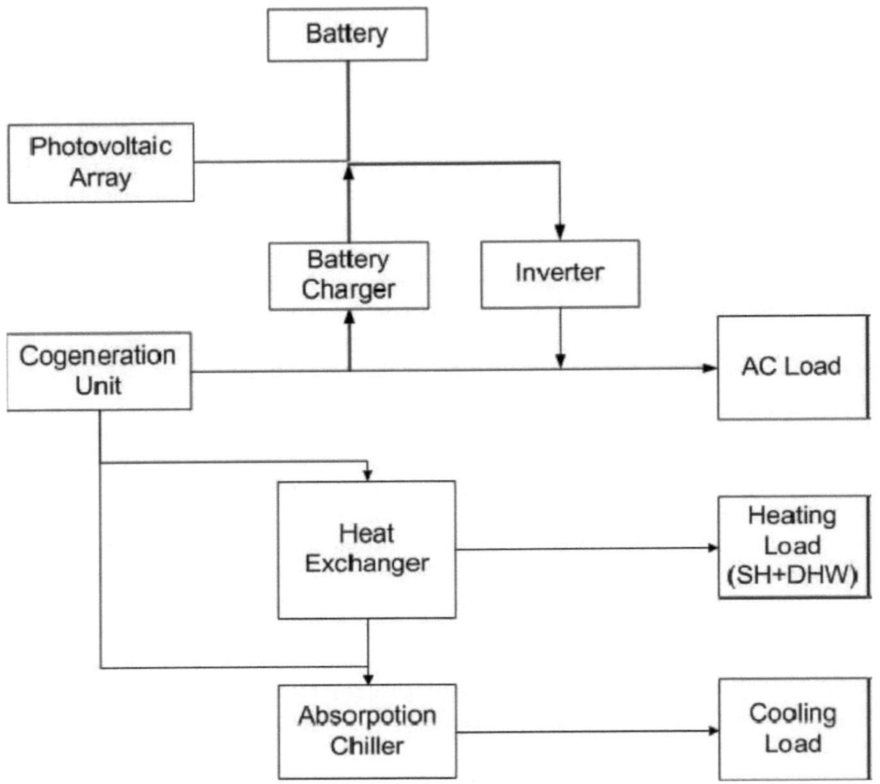

Figura 20.1 Diagrama de blocos do sistema PV-CCHP Fonte: (Nosrat e Pearce2011)

Nosrat e Pearce (2011) apresentam uma estratégia de despacho destinada a controlar o sistema para uma utilização eficiente dos requisitos de carga, de modo a satisfazer as necessidades de aquecimento de água, refrigeração e iluminação doméstica. Para reduzir o excesso de produção de energia dos sistemas solares, é necessário concentrar-se na manutenção da autonomia do sistema para garantir 100% de fiabilidade da rede.

Capítulo 21

21.1 Setor da eletricidade (energia hidroelétrica)

A inovação na produção de eletricidade atrai incentivos para os investidores, como o programa CDM. Os projectos mini-hídricos estão classificados nos programas CDM com apoio governamental. A eletricidade gerada a partir de mini-hídricas inovadoras ou de grandes centrais hidroeléctricas com tecnologias inovadoras especiais ao abrigo de um programa MDL é designada como projectos de desenvolvimento sustentável. De acordo com o PNUMA (2008), a capacidade instalada de energia hidrelétrica no Brasil é de mais de 100 GW, dos quais 2% são provenientes de mini-hídricas que receberam incentivo do MDL. As reduções de emissões destes projectos mini-hídricos com uma vida útil entre 50-70 anos são mensuráveis com objectivos de redução de emissões a longo prazo. O programa MDL, de acordo com o PNUA 2008, reduz os factores de risco associados aos incentivos à redução das emissões. O MDL tem consensualmente um impacto positivo em termos de aumento do número de investidores interessados em centrais mini-hídricas, auditoria energética, infravermelhos, energia solar e eólica.

22,0 Discrepâncias entre a rede e a eletricidade convencional

Existem muitas discrepâncias na web, como a conceção de sistemas convencionais de distribuição de eletricidade. Muitos países da África subsariana não têm a eficiência necessária para conceber uma metodologia de poupança eficaz que permita obter economias de escala para as suas empresas, o que conduz a muitos défices nos seus livros financeiros.

Capítulo 22

22.1 Megawatt-Milha ou Via de Contrato

Sakhrani, Vivek & Parsons, John E (2010) observaram custos de transmissão discricionários nas medidas convencionais de transmissão de energia entre o fluxo de energia do gerador e o consumidor; enquanto as medidas de custo da energia solar são conduzidas do hub para o cliente ou diretamente dos painéis instalados. O sistema de hub reduz o custo do utilizador final para a energia utilizada nas instalações específicas e não o custo médio de toda a rede, como determinado pelo sistema convencional. Sobre o aspeto convencional da rede de distribuição de energia, Sakhrani & Parson (2010) perceberam que o caminho físico do fluxo de energia difere das leis de Kirchhoff do caminho de contrato assumido, o que requer um modelo de instrumento de rede aproximado ao nível da distribuição para determinar o custo marginal de determinados utilizadores. De acordo com Sakhrani & Parson (2010), a implantação de tal modelo na energia solar tentará estimar o valor económico dos activos da rede para vários clientes, determinando os fluxos físicos de energia, a capacidade do equipamento, a localização dos utilizadores da rede, as flutuações de carga e o congestionamento como fenómenos adicionais quando integrados. O modelo topográfico do sistema de integração medirá a rede existente com as cargas e geradores correspondentes, tornando todo o sistema sustentável. Uma vez implementados os sistemas de integração no modelo de referência, a complexidade da rede é abordada através da avaliação da distribuição de energia, comparando-a com os resultados do modelo das condições da rede existente.

Capítulo 23

23.1 Tipos de tarifas

Sakhrani, Vivek & Parsons, John E (2010) sobre a distribuição de eletricidade na África do Sul, observou que o mecanismo de encargos influentes ou a estrutura tarifária utilizada para recuperar o custo do fornecimento de eletricidade aos consumidores. As empresas de distribuição compram energia em nome dos utilizadores finais, o que relativamente transfere os custos incorridos para os clientes, enquanto que não há custos diretos relacionados com a produção de energia. Este processo torna o consumo de energia muito oneroso para o utilizador final. No entanto, num sistema desregulamentado, os clientes ou utilizadores finais escolhem ou negoceiam um preço de retalho competitivo num regime totalmente desregulamentado. Este sistema faz com que seja ideal para os países da África subsariana considerarem a implementação de energia solar nos telhados para aumentar o défice e torná-la relativamente barata para os utilizadores finais, onde o custo é separado do custo de fornecimento relacionado com a rede. Estas separações podem resultar em dois tipos de tarifas:

• Tarifa de rede ou de acesso - custos de capital e de funcionamento relacionados com a rede.

• Tarifa integral - custo da energia e custos de funcionamento e de capital relacionados com a rede, com a fórmula - tarifa integral = tarifa da rede + custo da energia, conforme *ilustrado na figura 23.1 infra*

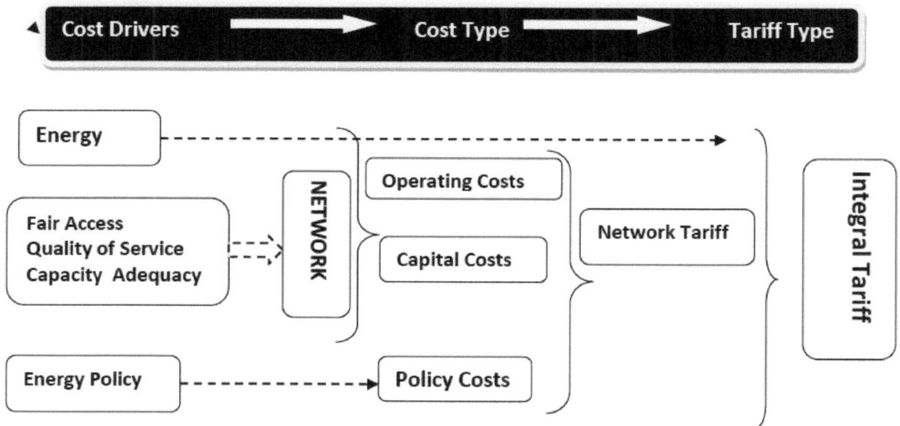

Figura 23.1 Factores reguladores e categorias de custos que influenciam os tipos de tarifas -Modificado pelo autor

O regime tarifário para a energia solar comunitária, de telhado ou de rede é do tipo rede e custo. Estes dois factores tornam a energia solar mais competitiva em relação à eletricidade convencional, que inclui todas as categorias de tipos de tarifas influentes. A tarifa integral é mais observada em sistemas regulados ou em processo de reestruturação. No regime de eletricidade convencional, os clientes não estão autorizados a escolher o seu tipo de energia num sistema totalmente regulado. No entanto, os clientes de sistemas de energia solar em telhados têm a opção de mudar para um fornecedor de energia que difere do seu fornecedor de serviços públicos, (Sakhrani & Parsons 2010).

23.1.1 Conceção da FiT nos países da África Subsariana

Na perspetiva de Groba, Felix et al (2011), o FIT tem sido recomendado como o apoio mais popular ao Sistema de Energias Renováveis (FER) nos países europeus. Os autores aperceberam-se e aconselharam a necessidade de conceber o Fit de acordo com as políticas individuais para tornar o FIT único na sua estrutura.

Groba et al (2011) recomendaram políticas FIT em séries com as seguintes caraterísticas:

- **Tarifa de preço fixo vs. tarifa de prémio**: Os países da África Subsariana podem estruturar o seu FIT com base numa tarifa de preço fixo para garantir o fornecimento de energia à rede. A tarifa de prémio, no entanto, acrescenta um bónus ao preço de mercado de venda total para os produtores. O fornecimento de energia diretamente ao cliente através de telhados pode ser abrangido pela redução do preço da energia do limite de carbono, que é cobrado aos clientes por cada watt de energia produzida a nível comunitário.

- **Repartição dos custos**: Tanto no regime de eletricidade solar como no convencional, o produtor assina um contrato com a autoridade da rede nacional para alimentar a energia produzida. A taxa de energia é paga pelo orçamento nacional. Para evitar sobrecargas, Groba et al (2011) aconselham a importância de limitar o valor total das tarifas disponíveis em cada ano.

- **Duração do contrato**: A duração do pagamento do FIT aos produtores varia consoante as políticas. Para os países da África Subsariana, é aconselhável conceber políticas sobre a duração das instalações, a tecnologia energética e a inovação. Estes requisitos dão garantias aos utilizadores finais de energia e também aos produtores. A vida útil da energia solar varia entre 25 e 30 anos, enquanto a convencional varia entre 30 e 40 anos. *A questão é: que políticas nos países da África subsariana ajudariam a reduzir os custos para obter economias de escala?*

- **Tecnologia energética aplicável:** As políticas de FIT na maioria dos países apoiam as energias renováveis, como a energia solar fotovoltaica, a energia eólica, as mini-hídricas e a biomassa. A tecnologia e a inovação no domínio das energias renováveis são de importância crucial tanto para o governo como para os utilizadores finais de energia. Quando uma tecnologia bem conhecida é testada e implementada com sucesso noutros países, deve ser aceitável nos países da África Subsariana. As tecnologias recentemente concebidas devem ser testadas e aguardar a aprovação final das agências governamentais antes de serem devidamente colocadas no sistema FIT.

- **Montante da tarifa:** Este é um fator crucial que deve ser diferenciado para obter benefícios em termos de custos tanto para o produtor como para o governo e o utilizador final de energia. Os factores mais importantes a considerar antes da conceção da política são o custo de produção, a localização, a dimensão do sistema, a parte recetora e a finalidade do edifício anfitrião.

• **Taxa de digressão:** De acordo com Groba et al (2011), a maioria das políticas de FIT tem uma taxa de digressão incorporada, que permite a redução do valor da tarifa para o número de anos após a promulgação da política. Este mecanismo destina-se a ajudar a ajustar o incentivo fornecido aos produtores pelo FIT para se adaptar e incentivar a redução dos custos das energias renováveis ao longo do tempo.

23.1.2 Subsidiação cruzada de tarifas no sector da eletricidade da África Subsariana

Groba, Felix et al (2011) analisa a subsidiação cruzada, em que são cobradas aos clientes tarifas mais baixas do que a outros clientes numa rede de serviços semelhante. Os autores aconselham os países da África Subsariana a considerarem os encargos dos clientes com rendimentos mais baixos e dos clientes com rendimentos mais elevados ao fixarem os preços da eletricidade. A estratégia consiste em desviar os custos de fornecimento aos clientes com rendimentos mais baixos para os clientes com rendimentos mais elevados, a fim de garantir que todos os clientes tenham acesso à eletricidade. Esta orientação política pode ser aplicada à energia solar para as populações rurais, onde os preços da energia solar podem ser categorizados com o princípio da eficiência locativa, que pode ser considerado justo para toda a população.

23.1.3 Adaptar as tarifas às necessidades locais

Mormann (2014) aconselha vivamente os países da ASS a conceberem tarifas que correspondam às necessidades energéticas na fonte. A maior parte da eletricidade solar comunitária é concebida para aumentar o défice das redes de distribuição de energia. Tal iniciativa tem de atrair um regime tarifário específico que incorpore os benefícios para o utilizador final e os benefícios implementados. Por conseguinte, a infraestrutura de transporte de energias renováveis em grande escala foi identificada como o obstáculo à implantação de tecnologias de energias renováveis. No entanto, as instalações renováveis de pequena escala em telhados residenciais ou comerciais são idealmente recomendadas por Mormann (2014) para a erradicação da pobreza energética nos países da África Subsariana. A produção de energia solar fotovoltaica no telhado reduz significativamente os prazos de entrega e o custo global de construção em comparação com as centrais renováveis à escala da rede eléctrica. A produção distribuída (micro-rede) oferece melhorias consideráveis na segurança energética e maior fiabilidade da rede. As micro-redes são fiáveis e podem reduzir a vulnerabilidade a ataques estratégicos ou catástrofes naturais.

23.1.4 Mercado vs. Regulamentação: Duas abordagens à atenuação dos riscos

Mormann, Felix (2014) avaliam que a atenuação do risco agregado é maior do que o subtotal se os projectos forem integrados para reduzir os retornos para alavancar um maior investimento do sector privado em renováveis para o crescimento económico sustentável na implantação de energia limpa. Para conseguir o investimento do sector privado, de acordo com (Mormann 2014), é necessária uma política de construção de infra-estruturas de energia limpa para alavancar o investimento do sector privado. A avaliação do risco em qualquer oportunidade de negócio tem como objetivo o compromisso entre os riscos e os retornos previstos. Em suma, os decisores políticos tentam oferecer um retorno invulgarmente elevado, acima do mercado, para incentivar o investimento privado em energias renováveis; o que acaba por ignorar a conceção de uma política rentável que impõe encargos aos contribuintes e/ou aos contribuintes. As medidas de mitigação de riscos e de reafectação com o melhor apoio político podem servir de alavanca para incentivar o investimento do sector privado na implantação de energias limpas. De acordo com Mormann (2014), com dados recolhidos em trinta e cinco países sobre políticas de FiT para mitigar a aquisição e outras análises críticas de risco de mercado para investidores, indica um aumento de quatro vezes na implantação de energia limpa. O autor observou que a atenuação dos riscos se faz frequentemente à custa da reafectação e, eventualmente, do agravamento de outro tipo de risco. Por conseguinte, é fundamental definir uma estratégia de atenuação dos riscos com políticas de RPS e FiT que procurem reduzir o risco global associado à construção em grande escala de infra-estruturas de energias renováveis.

Capítulo 24

24.1 Programas MDL para aterros sanitários

Os aterros sanitários são capazes de gerar metanol para uso industrial e podem ser geridos ao abrigo dos programas MDL nos países da África subsariana. UNEP (2008) na maioria dos países da ASS, o metanol não é capturado ou é capturado e queimado ou utilizado para gerar eletricidade. Uma tecnologia inovadora, como a conversão do biogás como matéria-prima numa instalação industrial para produzir metanol renovável, pode atrair CER de emissões do MDL. A situação das lixeiras a céu aberto é precária nos países da África subsariana, com desafios ambientais - qualidade do ar e da água (PNUA 2008). Com tecnologia inovadora, os resíduos que são "considerados um grande problema para os municípios" são vistos como uma possível fonte de rendimento". Os países da África Subsariana devem explorar tecnologias inovadoras combinadas com mecanismos de incentivo regulamentar que possam converter os resíduos, que são considerados como um passivo ambiental, em recursos financeiros adicionais. A conceção de tais metodologias CDM deve ser altamente adaptada a tecnologias inovadoras que tenham um grande número de aterros para criar uma revolução sanitária nas áreas urbanas.

A Tabela 24.1 ilustra a opinião dos investigadores académicos sobre a tendência global da procura de MDL.

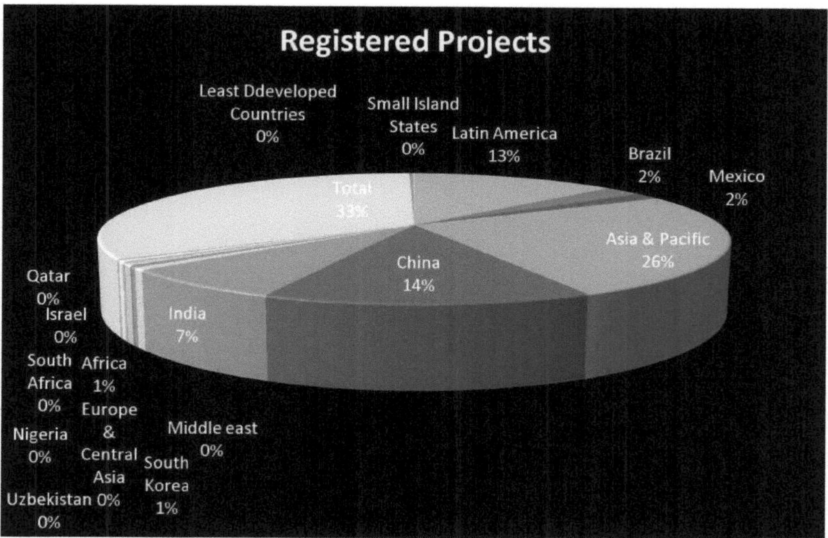

Figura 24.1 Visão geral da distribuição regional dos projectos MDL registados, (Fonte: Dados do autor - PNUA 2010)

A figura acima mostra claramente que apenas 2% (47) dos projectos registados no âmbito do MDL provêm de África, que é o maior emissor(es) de gases com efeito de estufa, representado pela Nigéria, Tanzânia e África do Sul.

Samad, Hussain. A et al (2013) perguntaram como *promover* essas *novas tecnologias solares e como tornar a energia solar acessível a cidadãos com rendimentos familiares limitados?* A energia solar tem sido reconhecida há algumas décadas, mas a investigação sobre a tecnologia não tem sido investigada. Lay, Ondraczek e Stoever, 2012; Rebane e Barham, 2011; Komatsu et al., 2011) em Samad et al (2013) exploraram os principais factores determinantes da adaptação precoce à tecnologia dos sistemas solares domésticos. Eles perceberam várias tecnologias de energia solar que podem ser implantadas em casas para resultados eficazes. Uma dessas tecnologias recomendadas são os sistemas micro-híbridos de energia solar doméstica. Samad et al (2013) quantificaram a extensão dos benefícios que se podem obter da utilização de um micro-sistema solar doméstico num agregado familiar médio.

Considere-se um agregado familiar típico da ASS que poupa 4 litros de querosene por mês ao adotar um sistema micro-híbrido solar doméstico (MHSHS) com poupanças estimadas em US$2. De acordo com a pesquisa de Samad et al (2013) na Índia, indica uma poupança de 5% de aumento da despesa total por mês devido à adoção do MHSHS; tendo em consideração a mudança do querosene para o sistema solar doméstico. *A Figura 24.2 ilustra as poupanças de custos por ano na utilização de querosene e de sistemas solares domésticos.*

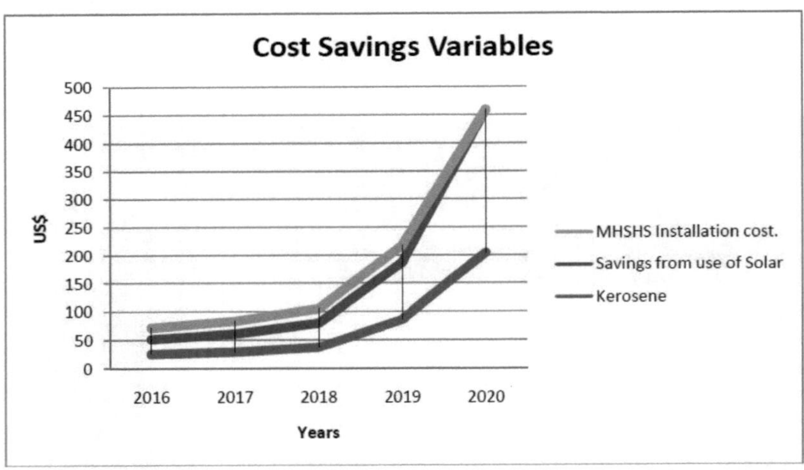

Figura 24.2 Economia de custos com o uso de querosene versus sistema solar doméstico Fonte: Autor.

O custo dos sistemas solares domésticos normais está estimado em 224 dólares para 150 kW de eletricidade.

No primeiro trimestre de 2019, as poupanças resultantes da utilização de energia solar teriam pago integralmente o custo da instalação, se adquirida a crédito. No ano de 2020, o total das poupanças poderia render um sistema solar doméstico semelhante para uma maior expansão. Samad et al (2013) recorda-nos a variável tecnologia e custo dos sistemas solares domésticos. A engenharia e a manutenção parecem ser uma opção para acelerar os sistemas solares domésticos micro-híbridos (MHSHS). Um MHSHS bem sucedido teria em consideração o rendimento do agregado familiar para a expansão. Urpelainen, Johannes & Yoon, Semee (2014) indicam a importância da eletrificação fora da rede como expansão numa base comercial e geração de lucros. A geração de lucros ao nível dos baixos rendimentos nas zonas rurais pode ser escalada muito rapidamente para atingir centenas de milhões com capital privado de investidores. Os engenheiros devem considerar inovações comerciais importantes, como a parceria com bancos rurais locais para compras e custos de instalação para os clientes e cobranças de dívidas. Para uma metodologia eficaz, os engenheiros devem considerar a segmentação dos pacotes financeiros numa base regional ou municipal. Este processo permite a cobrança efectiva de dívidas e a monitorização dos sistemas instalados.

Capítulo 25

25.1 Competitividade da energia solar fotovoltaica

Pegels, Anna & Lutkenhorst Wilfried (2014) lembram aos engenheiros que os mercados de energia solar ou renovável são altamente moldados politicamente por padrões comerciais sujeitos a intervenções governamentais. É fundamental que os engenheiros analisem as vantagens comparativas associadas à disputa comercial em torno da exportação subsidiada de painéis solares como advertência na instalação de energia solar. A eficiência dos painéis é examinada minuciosamente para estar em conformidade com os requisitos uniformes do cliente como base para o fornecimento eficiente de energia.

Wiseman, Hannah & Bronin Sara C (2013) afirmam que o sucesso da energia mais verde ganhou impulso em vários países devido a estratégias recomendadas por decisores políticos e académicos. Uma dessas recomendações é o fornecimento de energia de base comunitária, que torna o processo muito acessível e economicamente viável em termos de economias de escala para o fornecedor e os utilizadores finais. Isto acaba por reduzir o custo do fornecimento desde o ponto central até aos utilizadores, criando economias de escala em comparação com a produção distribuída individual. De acordo com o trabalho de investigação empírica do investigador académico, as gerações individuais a partir de telhados envolvem custos de transação elevados com um impacto relativamente pequeno. A energia solar em grande escala localizada fora das cidades centrais conduz à dispersão da energia e a ineficiências na transmissão. A energia solar comunitária, com apoio partilhado, reduz os factores de alto risco associados aos locais de produção de energia solar em grande escala.

Na perspetiva de Walsh, Philip R et al (2009), os principais factores determinantes na escolha da energia são a análise do retorno do investimento no custo de compensação e na energia deslocada. As decisões de compra relativas à utilização de energia pelos clientes são tomadas entre o custo mais elevado, com benefícios ecológicos, e o custo mais baixo, com benefícios ecológicos desfavoráveis. Estas escolhas comportamentais são vitais no processo de tomada de decisões sobre a utilização de energia. A escolha da energia através da economia comportamental deve ser interligada com os principais factores ambientais determinantes, como o aquecimento global. Se as nações conseguirem interligar os benefícios económicos e de saúde derivados das energias renováveis, poderão reduzir significativamente o custo da energia solar, tornando-a mais acessível e valorizando a diferenciação. Para superar a concorrência, é necessária uma tecnologia inovadora, na criação de valor através da inovação aplicável à funcionalidade, à conceção, ao desempenho e à experiência de consumo a partir da singularidade e superioridade da energia solar instalada.

Capítulo 26

26.1 Países da África Subsariana Capacidade de produção de energia solar

Outka, Uma (2013) indica perspectivas significativas de empregos verdes a partir de projectos de telhados eólicos e solares nos países em desenvolvimento. No entanto, o desenvolvimento sustentável significa mais do que um desenvolvimento económico mais verde, que é suposto captar a inter-relação entre o ambiente, a economia e o bem-estar humano. Os países da África Subsariana devem implementar projectos de energias renováveis para o bem-estar, num esforço para satisfazer as necessidades do presente sem comprometer a geração futura para satisfazer as suas próprias necessidades.

Smith, Michael G. e Urpelainen Johannes (2013) discutiram longamente os desafios enfrentados por África para alimentar os seus cidadãos devido à ineficiência do fornecimento de energia verticalmente integrado.

Os autores aconselharam ainda a utilização da eletrificação fora da rede como uma energia alternativa à abordagem da energia convencional. Smith e Urpelainen (2013) aconselham os países da África subsariana a descentralizar o seu sector energético com uma variedade de tecnologias, como a biomassa e a energia solar fotovoltaica, que lhes permite ultrapassar os combustíveis fósseis. É provável que as famílias pobres dos países da África subsariana se adaptem à energia solar mais do que as famílias ricas. O gráfico abaixo *ilustra a quota de África no fornecimento de energia primária de acordo com as indicações da EIA (2013).*

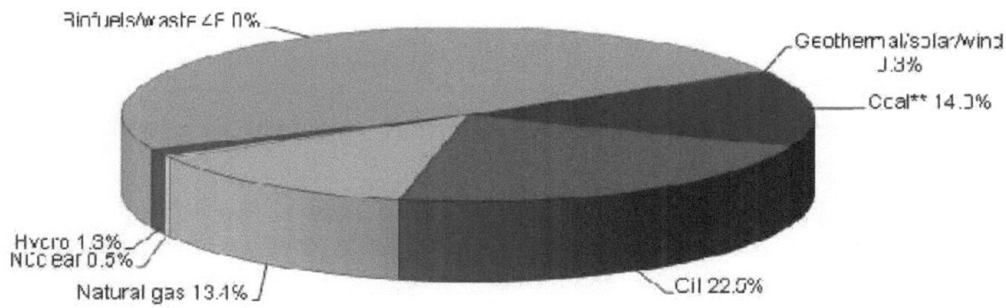

Figura 26.1 Percentagem da oferta total de energia primária: Fonte (eia 2013)

De acordo com a eia (2013), a ilustração acima regista uma situação desfavorável composta por décadas de fracasso político que incentiva os investimentos do sector privado em sistemas solares domésticos. Eles presumiram que o fator decisivo de acesso à eletricidade da rede reduz a procura de sistemas solares domésticos. No entanto, intuitivamente, a expetativa de cada nação é reduzir o acesso à eletricidade da rede através de sistemas solares domésticos. Alternativamente, os sistemas solares domésticos podem armazenar energia em baterias de inversores para utilização durante a falta de energia numa base sustentável. Outro fator a considerar pelos países da ASS é a educação sobre sistemas solares domésticos. De acordo com (Rebane & Barham 2011) in eia (2013), os sistemas solares domésticos nos países rurais da ASS não são garantidos, mas desempenham um papel importante na decisão de compra. Os chefes de família ricos e instruídos estão mais familiarizados com os sistemas solares domésticos do que os pobres da sociedade.

Nissila, Heli et al (2014) indica a importância e a expetativa de tecnologias emergentes de energia limpa nos países da África Subsariana e os seus benefícios económicos. As expectativas em sociologia, de acordo com (Nissila et al 2014), podem promover os domínios tecnológicos. A tecnologia de todas as energias renováveis tem de ser bem testada e comprovada quanto à sua fiabilidade e custo-benefício para os utilizadores finais. A figura seguinte ilustra o consumo, a distribuição e a produção de eletricidade nos países da ASS, as perdas, as reservas totais de gás e as emissões de gases com efeito de estufa.

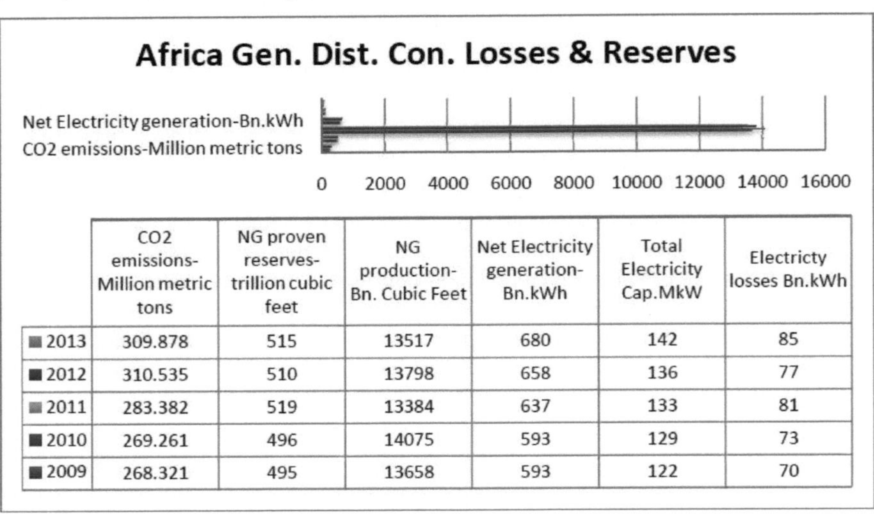

	CO2 emissions-Million metric tons	NG proven reserves-trillion cubic feet	NG production-Bn. Cubic Feet	Net Electricity generation-Bn.kWh	Total Electricity Cap.MkW	Electricty losses Bn.kWh
2013	309.878	515	13517	680	142	85
2012	310.535	510	13798	658	136	77
2011	283.382	519	13384	637	133	81
2010	269.261	496	14075	593	129	73
2009	268.321	495	13658	593	122	70

Figura 26.2 Produção, distribuição, consumo, perdas e reservas de energia em África. Fonte (O Autor - dados eia 2013)

A figura ilustra as capacidades energéticas de África para os períodos de cinco anos indicados, mostrando reservas significativas de gás natural (GN) que podem ser fontes de redução de CO2 quando devidamente utilizadas. A produção média líquida de eletricidade para o período de cinco anos é de 632,2 mil milhões de kWh com uma capacidade média total de eletricidade de 548,4 milhões de kW. As perdas médias de produção resultantes de tecnologias ineficientes são de 318 mil milhões de kWh, o que representa 50,30% da capacidade média de produção para o período de cinco anos. O total de gases com efeito de estufa emitidos de 2009 a 2013 está estimado em 2 681 495 000,00 mil milhões de toneladas métricas.

O investigador académico investiga agora o valor total das perdas ao abrigo do Mecanismo de Desenvolvimento Limpo, que pode ser utilizado em projectos de energia solar para substituir centrais de energia convencionais degradadas em países com equipamentos de produção existentes. *O valor do MDL é ilustrado na figura seguinte*

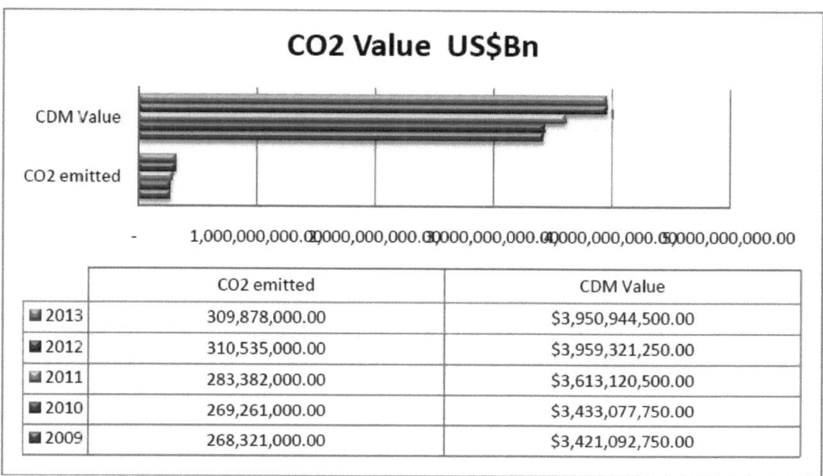

	CO2 emitted	CDM Value
2013	309,878,000.00	$3,950,944,500.00
2012	310,535,000.00	$3,959,321,250.00
2011	283,382,000.00	$3,613,120,500.00
2010	269,261,000.00	$3,433,077,750.00
2009	268,321,000.00	$3,421,092,750.00

Figura 26.3 Análise do valor da fonte de emissão de CO2 (dados do autor eia 2013)

De acordo com o ICAP (2016), os preços das colheitas de carbono, calculados trimestralmente, estão a aumentar gradualmente, com o preço de reserva em 2015 a 12,10 dólares. As últimas colheitas disponíveis até 2018 foram leiloadas a 12,65 USD

Os valores indicativos (baseados em 12,65 dólares por tonelada) mostram a ineficiência na manutenção do equipamento existente, que resultou em enormes perdas na capacidade de produção. Com grandes reservas de gás natural, os países da África Subsariana poderiam obter fundos do MDL para centrais térmicas a gás combinadas com centrais de PCCE e solares. O custo estimado de uma central térmica de 250MW em 2014 era de 360 milhões de dólares. Por cada ano, África poderia implementar em média 10 unidades de 250MW de centrais térmicas a partir de fundos do programa MDL.

26.1.1 Quantificação da produção e das perdas (valor) no sector da eletricidade da África Subsariana

A figura 26.1 abaixo ilustra as perdas da produção de eletricidade convencional durante cinco anos. O tempo de vida estimado de uma central eléctrica convencional varia entre 30 e 45 anos. As perdas de produção representaram 50,30% da capacidade de produção, enquanto a energia solar pode fornecer eletricidade de forma sustentável entre 25 e 30 anos.

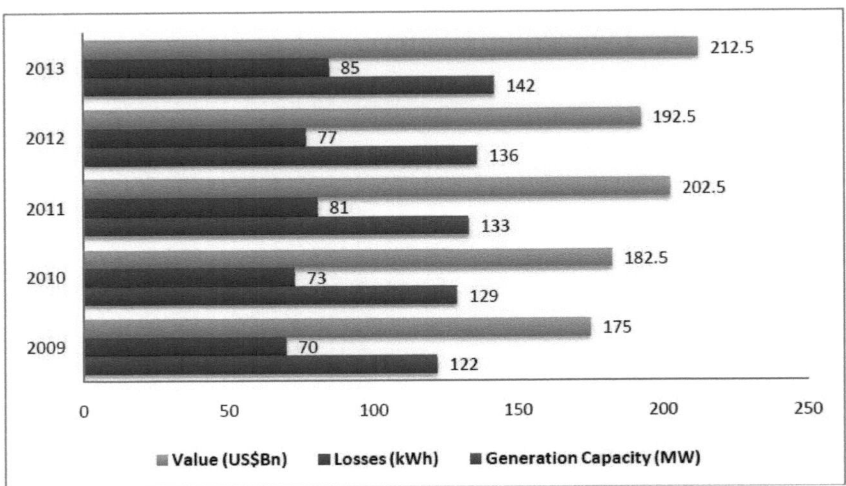

Figura 26.4 Quantificação do valor da produção e das perdas Fonte: (O Autor)

Com base nas indicações acima, o valor médio das perdas para o período de cinco anos é de 193 mil milhões de dólares, com um custo médio aproximado de 2,5 dólares por kWh. A perda indicativa mais elevada foi registada em 2013, com um valor de 212,5 mil milhões de dólares, e a mais baixa foi registada em 2009, com 70 kWh e um valor de 175 mil milhões de dólares. O valor médio estimado do custo por kWh é de 2,5 dólares. Estas estimativas mostram claramente a ineficiência do fornecimento de energia aos cidadãos.

A questão que se *coloca é a de saber qual o valor comparativo que a energia solar pode proporcionar de forma sustentável durante o período de cinco anos?*

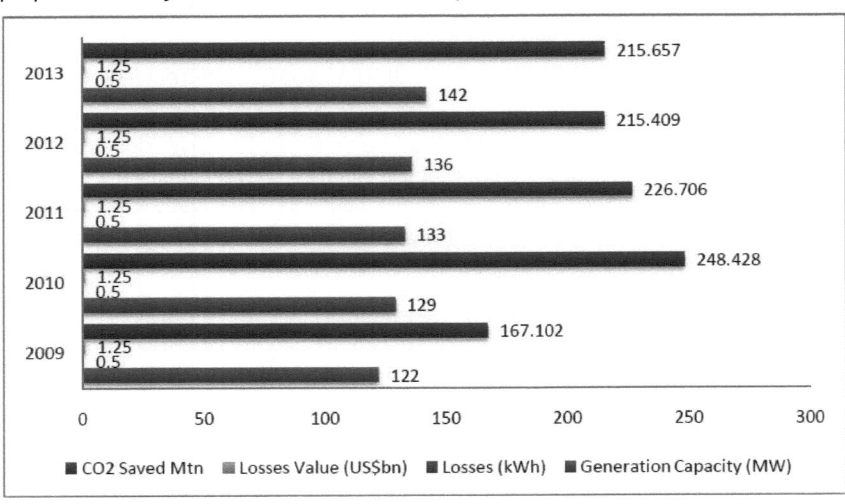

Figura 26.5 Valores comparativos da energia solar para o período de cinco anos Fonte (O autor)

Os valores indicativos acima referidos mostram uma média de 20% de perdas estimadas em 6,25 mil milhões de dólares da produção de eletricidade solar. Comparativamente, com a energia solar, os países da África Subsariana poderiam poupar cerca de 772 mil milhões de dólares com a produção de eletricidade solar, em comparação com a eletricidade convencional, com um total de perdas de produção de 965 mil milhões de dólares para os períodos de cinco anos. Estas análises mostram claramente que a energia solar é uma tecnologia emergente promissora, que se prevê venha a desempenhar um papel importante no futuro sistema energético (Nissila et al 2014)

Capítulo 27

27.1 A energia solar como negócio em expansão

Nissila, Heli et al (2014) vêem a energia solar como um negócio em expansão nos países da África Subsariana, com mais de 600 milhões de cidadãos sem acesso à eletricidade. Os autores consideram que a tecnologia solar é um mercado em crescimento, com um sector de atividade promissor, no qual os governos devem, sem dúvida, investir.

Wiseman & Bronin (2013) sugerem que os engenheiros discutam coletivamente os custos-benefícios dos projectos solares comunitários. A discussão deve centrar-se em três grandes mudanças para um crescimento substancial dos projectos solares à escala comunitária. Os engenheiros devem ver que as comunidades formam uma empresa para gerir confortavelmente a compra, instalação, operação e manutenção da infraestrutura de produção. Nos países da África subsariana, as empresas comunitárias devem ser agrupadas para o fornecimento de energia solar em micro-redes.

Quando não existem empresas deste tipo, Wiseman e Bronin (2013) recomendam que os indivíduos se agrupem de modo a formalizar o processo à escala da comunidade. Existem várias vantagens, como o paraíso fiscal e a prevenção do parasitismo, que os engenheiros podem obter com estas práticas. É necessário um estudo comunitário por parte de cada engenheiro para determinar as necessidades individuais/empresariais. Tal como exigido pela maioria das instituições financeiras, Wiseman & Bronin (2013) propuseram que esses investimentos fossem cobertos por um seguro como apoio de reserva por defeito para os custos de funcionamento e de manutenção.

Capítulo 28

28.1 Modelo de negócio das cooperativas

Wiseman & Bronin (2013) recomendam um outro modelo de cooperativa que aborda a melhoria energética pública e obrigatória nos distritos, em que os membros constroem, possuem e mantêm (BOM) a infraestrutura renovável, num sistema de pagamento por utilização (PAYG). As associações cooperativas SSA podem ter um sistema PAYG especial para membros, com uma estratégia de preço normal para não membros. A cooperativa pode ser caracterizada pelos quatro princípios seguintes:"(1) propriedade e controlo democráticos/comunitários pelos utilizadores;(2) rendimentos limitados do capital; (3) retorno dos benefícios ou margens para os utilizadores; (4) obrigação de financiamento do utilizador-proprietário. Os modelos empresariais cooperativos permitem que os membros maximizem os benefícios e as distribuições de lucros entre os membros proporcionados pela cooperativa - "reembolso do mecenato". A desvantagem das cooperativas é a não maximização dos lucros, o que constitui uma barreira à sua aplicabilidade energética.

28.1.1 Modelo de código de zonas

Wiseman & Bronin (2013) recomendam o modelo de código de zonamento para os promotores imobiliários. Este modelo permite que os proprietários de imóveis incluam obrigatoriamente infra-estruturas de energias renováveis nos seus projectos de construção com 25 ou mais unidades. O promotor é obrigado por lei a implementar centrais de energia solar ou eólica no preço de venda aos clientes. Este processo é iniciado na primeira fase em que os clientes negoceiam com o promotor a compra de uma unidade de habitação. A nível comunitário, as cidades podem impor ou promulgar leis que regulem todos os promotores a implementar a energia solar no estado inicial como condição para a aprovação do projeto. De acordo com (Wiseman & Bronin 2013), os bairros existentes e os projectos de desenvolvimento de unidades de planeamento e de preenchimento urbano, bem como os novos loteamentos, poderiam beneficiar de tais iniciativas. Em alternativa, as cidades podem introduzir uma taxa obrigatória para os promotores no fundo comunitário de desenvolvimento renovável por metro quadrado de nova propriedade desenvolvida. Nos bairros existentes, as cidades podem incentivar as energias renováveis à escala da comunidade através de códigos de zonamento que permitam a instalação de infra-estruturas energéticas à escala da comunidade. Para o modelo de código de zoneamento, os engenheiros podem instalar o tipo de eletricidade solar em contentores com base na capacidade necessária, em vez de painéis no telhado.

Os engenheiros podem instalar turbinas eólicas num parque com uma capacidade nominal não superior a 100 kW (Wiseman & Bronin 2013)

Capítulo 29

29.1 A energia solar como vantagem competitiva nacional

Nissila, Heli et al (2014) aconselharam ainda que a tecnologia solar fosse considerada a nível nacional para impulsionar as suas projecções nas comunidades. Os governos e as autoridades municipais estão mandatados para regulamentar a energia solar a nível comunitário para ajudar a implantação da tecnologia, a formação dos jovens para evitar a urbanização. No entanto, os pré-requisitos da indústria solar nos países da África Subsariana são muito limitados. Os técnicos de energia solar são considerados engenheiros solares que, basicamente, não tornam a energia solar atractiva para os utilizadores finais, devido ao conhecimento da tecnologia. A tecnologia e a ciência têm de ser incorporadas de forma crítica como valores culturais importantes nos países da África Subsariana. Os principais proponentes para os países da África subsariana são encorajar as organizações de investigação, a inovação e os organismos políticos a ajudar a reduzir as emissões de gases com efeito de estufa através de tecnologias solares e mecanismos políticos.

Capítulo 30

30.1 Equilíbrio de energia e energias renováveis variáveis

Hirth, Lion e Ziegenhagen, Inka (2013) indicam um crescimento significativo das fontes variáveis de eletricidade renovável (VRE), energia solar e eólica, nos últimos anos, com expectativas de crescimento adicional. Estes dois geradores não são síncronos e dependem das condições meteorológicas, o que pode causar problemas específicos aquando da sua integração em sistemas de energia (Grubb 1991, Holttinen et al. 2011, IEA 2014) em Hirth & Ziegenhagen (2013). A produção de energia das ERV tem crescido rapidamente graças ao progresso tecnológico, às economias de escala e aos subsídios à implantação. A AIE prevê que, até 2016, as energias renováveis ultrapassem o gás natural e se tornem a segunda maior fonte de eletricidade depois do carvão. De acordo com (Hirth & Ziegenhagen 2013), a capacidade fotovoltaica triplicará e a eólica duplicará. As ERV são opções importantes para a atenuação dos gases com efeito de estufa e prevê-se que continuem a crescer (IEA 2012, GEA 2012) em Hirth & Ziegenhagen (2013). Fischerdick et al. (2011), Luderer et al. (2013) e Knopf et al. (2013) em Hirth & Ziegenhagen (2013) resumiram a comparação de modelos com a quota de VRE para aumentar dez vezes sob uma carbonização ambiciosa, mas também aumentará quatro vezes até 2050 sem política climática. Este aumento da produção a partir de ERV requer um sistema de integração para acomodar e equilibrar o fornecimento de energia através da rede nacional de uma economia. A figura abaixo ilustra o modelo de sistema de integração viável com erros de previsão gerados pelo sistema de energia VRE, modelo de conceção de políticas e penalização financeira para os erros de previsão, o preço de desequilíbrio para determinar os erros de previsão.

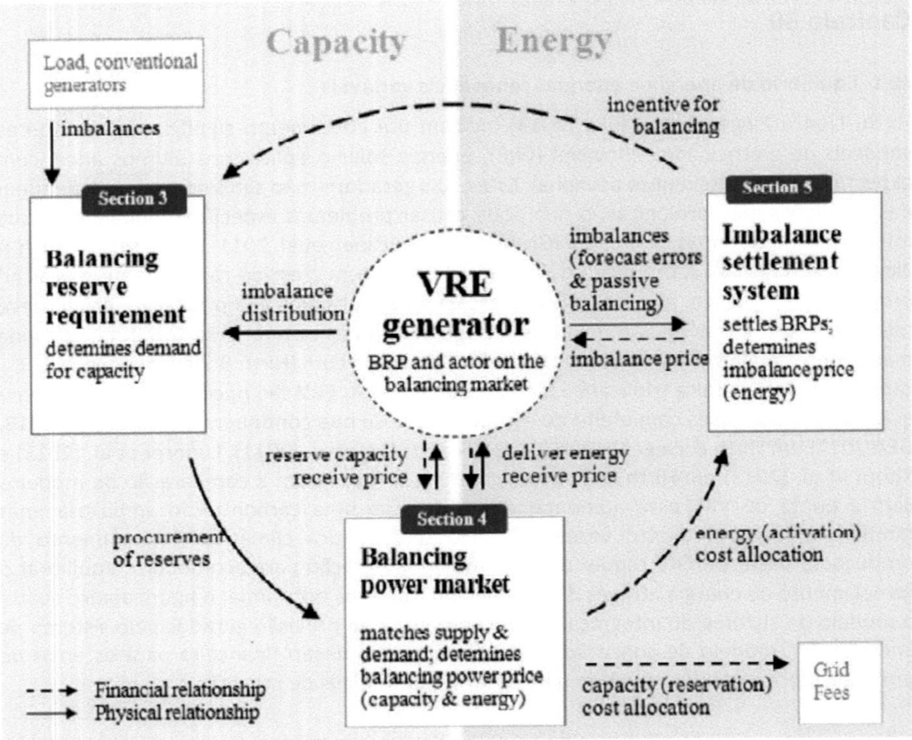

Figura 30.1 As três ligações entre o VRE e o sistema de compensação.

Capítulo 31

31.1 Justiça ambiental

Outka, Uma (2013) associou a justiça ambiental ao desenvolvimento sustentável, propondo que as comunidades com baixos rendimentos não devem suportar a parte desproporcionada dos encargos ambientais" nem ser desproporcionadamente privadas dos benefícios ambientais.

Os países da África subsariana devem definir políticas, leis e acções de sensibilização para resolver a desigualdade na exposição a substâncias tóxicas. Os problemas ambientais globais são uma preocupação para os países subsarianos, uma vez que são mais propensos aos impactos ambientais do que os países desenvolvidos. Os efeitos desproporcionados das tendências do aquecimento global ameaçam os pobres na sociedade, o que sublinha a importância do desenvolvimento sustentável para a justiça ambiental, (Outka 2013). Por todas estas razões, as energias renováveis foram classificadas como a componente chave da sustentabilidade.

31.1.1 O papel das energias renováveis no desenvolvimento sustentável

Outka, Uma (2013) indica ainda que o regime de dominância das energias fósseis e os quadros jurídicos que reforçam a sua utilização constituem o maior obstáculo aos objectivos de desenvolvimento sustentável. A utilização esmagadora do carvão, do petróleo e do gás natural tem muitos efeitos nocivos: impactos devastadores no solo causados pela extração à superfície e poluição causada pelas indústrias extractivas de carvão. A produção de eletricidade a partir da combustão de combustíveis fósseis produz emissões atmosféricas que são tóxicas para a saúde humana e para o ambiente. De um modo geral, o sector da energia que alimenta uma dependência mundial dos combustíveis fósseis produz mais gases com efeito de estufa que são em grande parte responsáveis pelas alterações climáticas. No entanto, a energia renovável não é um recurso finito, pelo que a sua utilização pode ser sustentada; além disso, o seu potencial teórico excede o consumo global de energia por todas as economias. De acordo com Outka (2013), o investimento em energias renováveis aumentou 17% em 2011, com um recorde de investimento de 257 mil milhões de dólares. Este registo mostra claramente os benefícios em termos de custos da produção de energia renovável para satisfazer a nova procura e substituir a energia dos combustíveis fósseis. A procura de energias renováveis torna o sector energético menos insustentável - "a sustentabilidade pode ainda não ser tecnologicamente alcançável, mas as energias renováveis representam a sua possibilidade". Embora nenhuma fonte de energia seja totalmente benigna, os países em desenvolvimento (SSA) podem reduzir a poluição das instalações convencionais existentes com o caminho das energias renováveis para a estabilização do clima global (Outka 2013)

Capítulo 32

32.1 Contexto comunitário para a instalação de energias renováveis

Outka, Uma (2013) e várias indicações lógicas conclusivas mostram como as energias renováveis (solar e eólica) são condicionadas pela disponibilidade e intensidade dos recursos, o que limita a sua viabilidade económica. As linhas de transmissão da eletricidade convencional não conseguem chegar às zonas onde os recursos são mais fortes, o que pode complicar o planeamento do desenvolvimento. Naturalmente, a energia eólica e solar são recursos renováveis por excelência que podem ser aproveitados para produzir eletricidade sem emissões. A energia solar e a energia eólica são frequentemente objeto de controvérsia, com diferentes percepções estéticas, às quais os países em desenvolvimento devem estar atentos. Tal como indicado anteriormente, os países da África subsariana têm o maior potencial de energia solar e a energia eólica são símbolos de esperança para o futuro (Outka 2013).

Capítulo 33

33.1 Definição de "energia renovável" na lei

Os países da África Subsariana devem definir leis sobre energias renováveis para promover os recursos de energia eólica e solar de forma categórica e alargada no contexto estatutário e regulamentar. De acordo com a perspetiva de Outka (2013), os padrões de portfólio renovável (RPS), quando promulgados, obrigam os serviços públicos a produzir uma certa percentagem de eletricidade a partir de fontes renováveis até uma data definida. As fontes de combustível qualificadas variam de RPS para RPS, o que está relacionado com o contexto de justiça ambiental da sessão. Uma lei aplicável poderia qualificar a diferença entre a produção de eletricidade através da queima de resíduos de aves de capoeira ou lixo. O principal objetivo para os países da África Subsariana é categorizar o instrumento político para evitar a suposição de que as políticas de implementação são consistentes com a justiça ambiental.

Capítulo 34

34.1 Travar a expansão da energia com microrredes

Na perspetiva de Bronin, Sara C (2010), o aumento da utilização de energia exige que as instalações de produção de energia sejam instaladas em mais terrenos rurais. Na opinião de Bronin (2010), o fornecimento de energia solar em micro-redes poderia reduzir a utilização de mais terrenos em zonas rurais, como possível solução para a expansão energética. Os sistemas solares de micro-rede são uma produção descentralizada de energia, reduzindo a necessidade de linhas de transmissão maciças e de grandes centrais centralizadas, bem como a utilização de grandes terrenos para a energia solar. As micro-redes permitem aos clientes distribuir o custo e o risco de instalação e manutenção, o que permite aos proprietários obter economias de escala. As micro-redes reduzem a quantidade de energia perdida através de longas distâncias durante a transmissão para os utilizadores finais.

Rule, Troy A. (2010) indica a vitalidade da contenção da expansão energética através de instalações de distribuição de energia renovável em grande escala, o que reduz a dependência da nação dos combustíveis fósseis. O autor aconselha a utilização de leis inovadoras para evitar que a oposição local impeça o crescimento futuro da implantação de energias renováveis.

Bronin, Sara C (2010) indica substancialmente a necessidade de expansão da implantação de energias renováveis em áreas não desenvolvidas numa base linear e não concêntrica. Bronin (2010) indica ainda que a expansão da energia não segue necessariamente os padrões de povoamento existentes; trata-se geralmente de instalações que se encontram em zonas subpovoadas. Por outro lado, a estrutura em rede das infra-estruturas energéticas tradicionais está ligada através de linhas de transmissão a zonas distantes, povoadas e subpovoadas, nos países subsarianos. Este processo aumenta o custo para os produtores e utilizadores finais ao diminuir as economias de escala.

De acordo com Bronin (2010), um parque eólico nos Estados Unidos da América ocupou, em 2009, quase 100 000 acres de terra no oeste do Texas, pouco povoado (405 quilómetros quadrados). O parque eólico, que é o maior do mundo, tem 627 turbinas, ocupando uma média de 160 acres de terra por megawatts. A capacidade total de produção das turbinas é de 781,5 megawatts e alimenta 265.000 casas. Isto perfaz uma média de 128 acres para um megawatt de energia gerada. *Que capacidade de terra podem os países da África Subsariana utilizar para resolver os seus problemas energéticos para mais de 600 milhões de pessoas?*

Vamos presumir uma taxa de população de 5 casas por cada família da ASS, o que dá uma média de 120 milhões de casas com energia eólica, o que equivale a 354.113 megawatts de energia. A utilização do solo para um tal quantum de energia dá números insuportáveis e ridículos para os países da África Subsariana. As turbinas eólicas, de acordo com Bronin (2010), "prejudicam não só a previsão do tempo como também os padrões naturais do próprio tempo".

34.1.1 Sustentabilidade e o "eleitor doméstico"

Rule, Troy A. (2010) vê a necessidade de práticas de gestão da terra quando se considera o desenvolvimento sustentável a nível local. Algumas políticas podem enriquecer a utilização dos solos locais a nível comunitário, enquanto outras políticas ameaçam ter o efeito contrário. O desenvolvimento sustentável exige novas abordagens em matéria de licenças de utilização dos solos, códigos de construção e planeamento urbano (Rule 2010). A construção ecológica e as iniciativas de crescimento inteligente são meios louváveis de conservação da energia, da água e do solo, sem comprometer significativamente a estética da comunidade. No entanto, o desenvolvimento de políticas de desenvolvimento ecológico a nível comunitário não é justificável senão para o proprietário e para a adoção pelos eleitores.

Capítulo 35

35.1 A definição de Micro Rede

De acordo com Bronin, Sara C (2010), as tecnologias de micro-redes são sistemas de distribuição de baixa tensão que podem responder às necessidades energéticas de vários utilizadores com múltiplas tecnologias. Uma micro-rede tem duas gerações distribuídas distintas - células de combustível armazenadas no subsolo ou matrizes solares fotovoltaicas em vários telhados existentes com instalações de armazenamento (baterias híbridas) para servir vários clientes/proprietários de casas. O sistema garante a produção agregada de carga para os clientes com gestão de energia em tempo real. As micro-redes podem ser geridas num ponto de gestão central acessível. A microrrede tem capacidade para ligar casas através de contadores individuais para monitorização direta

Do ponto de vista de Rule, Troy A. (2010), os sistemas solares de micro-rede oferecem benefícios únicos durante os dias quentes e soalheiros, quando os clientes estão a utilizar o sistema de ar condicionado durante as horas de ponta. A implantação de energia solar no telhado também reduz a expansão da energia sem a necessidade de novas linhas de transmissão através de áreas rurais imaculadas.

35.1.1 Porquê as microrredes?

Rule, Troy A. (2010) ilustra claramente a utilidade das micro-redes ao nível da comunidade, escalonando os procedimentos de gestão, planeamento, aquisição e processos de instalação, manutenção e conservação de equipamentos, venda de energia, o que proporciona sentido económico.

Mohammadi, M et al (2011) indica a eficiência da microrrede durante as horas de ponta em que a energia é fornecida diretamente pelos inversores de bateria, reduzindo as perdas nas linhas de transmissão geradas frequentemente com a eletricidade convencional. As microrredes também fornecem serviços auxiliares, operando no modo de fator de potência unitário no ponto de acoplamento comum. Wiseman & Bronin (2013) combinaram flexibilidade e adaptabilidade que correspondem à escala da procura dos clientes. As micro-redes foram reconhecidas por (Wiseman & Bronin 2013) como a única energia alternativa que reduz a dispersão de energia sem depender basicamente de linhas de transmissão maciças ou de infra-estruturas paralelas para outros serviços públicos.

De acordo com Wiseman & Bronin (2013), as micro-redes podem poupar aos utilizadores finais vinte a vinte e cinco por cento do custo da energia em relação ao custo da produção individual de energia convencional. Isto reduziria o custo para os utilizadores finais nos países da ASS quando implementado na maioria das comunidades, como forma de reduzir o elevado nível de custo da energia para mais de 600 milhões de pessoas que vivem sem acesso à eletricidade.

35.1.2 Topologia de Micro Rede Baseada em Fontes Híbridas de Energia Renovável

Mohammadi, M et al (2011) apresentaram de forma descritiva uma topologia para sistemas de micro-rede de distribuição. O autor propôs uma combinação de célula de combustível e banco de baterias como uma instalação de armazenamento para meios eficientes, escaláveis e pouco poluentes de geração de energia eléctrica a partir de energia fotovoltaica (PV). De acordo com German-Netz (2015), o volume acumulado de baterias para automóveis eléctricos é de aproximadamente 7 GWh. Até 2030, pode ser alcançada uma capacidade acumulada de um tWh a uma taxa de crescimento anual de 31%. Hoffmann in (German-Netz 2015) considera que esta taxa de crescimento é realista, uma vez que o crescimento da energia solar aumentou para 41% entre 2000 e 2010. Por conseguinte, é possível obter um kWh a 100 dólares até 2030 com uma hipótese de redução de preços de 7%. Mohammadi, M et al 2011 recorda aos engenheiros solares a necessidade de instalar células de combustível como reserva para formar uma produção distribuída fiável em caso de baixa produção fotovoltaica. Segundo o autor, "a dinâmica lenta da célula de combustível pode ser compensada pela adição de uma bateria de armazenamento de energia". A célula de combustível pode funcionar em regime estável durante o período de funcionamento da bateria. O investigador académico *ilustra a geração distribuída de energia híbrida PV = célula de combustível + bateria na figura 35.1 abaixo.*

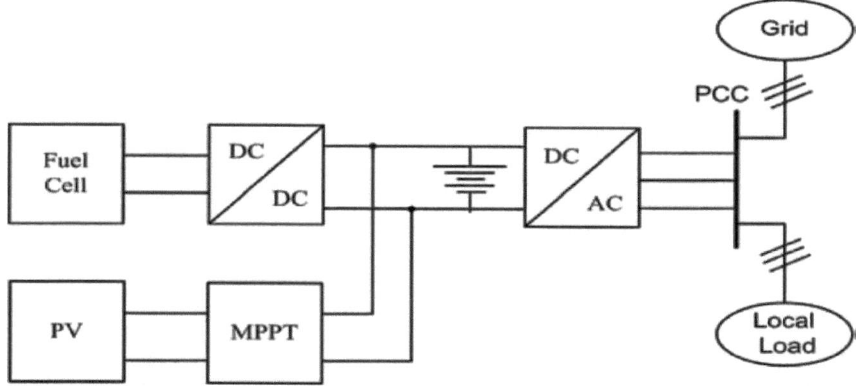

Figura 35.1 Geração distribuída de energia híbrida Fonte: Mohammadi, M et al (2011)

Capítulo 36

36.1 Rede a nível distrital (DLG)

Krishnamurthy, Saravan et al (2014) indica como a Índia tentou ligar a eletricidade aos cidadãos a nível distrital através de programas bem intencionados. A flexibilidade do sistema de eletrificação beneficiou 6 milhões de agregados familiares durante um período de 15 anos. No entanto, houve ineficiência na execução do projeto devido a vários factores associados ao fornecimento de energia ao sector público que privaram significativamente a maioria dos beneficiários das aldeias.

Krishnamurthy, Saravan et al (2014) aconselharam as nações a implementar as energias renováveis como uma vantagem fundamental para o fornecimento de energia às famílias rurais. De acordo com Krishnamurthy et al (2014), as energias renováveis podem reduzir a dependência da energia da rede, aumentar o controlo sobre a autodeterminação dos horários de produção e consumo de energia. Os países da África Subsariana podem obter economias de escala através da implementação de energias renováveis para reduzir as perdas técnicas e de distribuição, reduzir os estrangulamentos na procura de energia, o auto-sustento dos clientes finais e o fornecimento de reserva fiável com menos poluição do que o querosene, que é utilizado principalmente nas aldeias dos países em desenvolvimento.

Capítulo 37

37.1 Custo da ligação à eletricidade convencional

Geginat, Carolin & Ramalho, Rita (2015), no seu relatório do Banco Mundial sobre a ligação à eletricidade, estimaram um custo médio de ligação de 7.803% para os países de baixo rendimento per capita, 108% para os países de elevado rendimento e 620% para os países de rendimento médio-alto. A África Subsariana e o Sul da Ásia têm uma estimativa de 6.099% e 2.115% do rendimento per capita, respetivamente, (Geginat, Carolin & Ramalho, Rita 2015). Todos estes cálculos têm em consideração o custo de extensão da eletricidade hidroelétrica para as economias listadas a um custo incomportável e a ineficiência na entrega.

37.1.1 Outras medidas no domínio da eletricidade

Geginat, Carolin & Ramalho, Rita (2015) indicam que a qualidade do fornecimento de eletricidade é um fracasso total nos países da África Subsariana. A fraca qualidade do fornecimento de energia resultou em muitas perdas de produção, devido a interrupções intermitentes e à incidência de pagamentos de subornos. Nos países de baixo rendimento, a taxa média de eletricidade é de 23% a 99% nos países de rendimento mais elevado. As perdas na transmissão e distribuição são, em média, de 7% nos países de elevado rendimento e de 20% nos países de baixo rendimento, com 18% nos países de rendimento médio-baixo. As perdas de produção de eletricidade devido a cortes de energia variam entre 1% das vendas de uma empresa média em países de elevado rendimento e 8% em países de baixo rendimento (Geginat & Ramalho 2015). Estas perdas devem-se a um planeamento inadequado da rede, em que os postes de eletricidade plantados ficam inactivos sem qualquer ligação às residências. Um exemplo é uma cidade populosa de 1000 habitantes com cerca de 150 postes plantados de forma intermitente. Em média, cada pessoa tem 7 postes com acessórios ligados à sua casa. Entretanto, é economicamente viável fechar a lacuna com 1 poste para cerca de 50 habitantes se for devidamente planeado. Geginat & Ramalho (2015) afirmam que existe uma correlação positiva com o tempo e o custo para obter uma ligação, enquanto que existe uma correlação negativa entre a perceção da qualidade da eletricidade e o suborno no indicador de eletricidade. Os autores registaram um coeficiente de correlação mais elevado entre o Índice de Qualidade da Eletricidade (0,65) e o Índice de Suborno (0,83).

Para reduzir os custos para os países da África Subsariana, o investigador académico propõe uma micro-rede de energia solar onde a redução das perdas e dos custos pode ser visivelmente agregada, como *ilustrado na figura abaixo.*

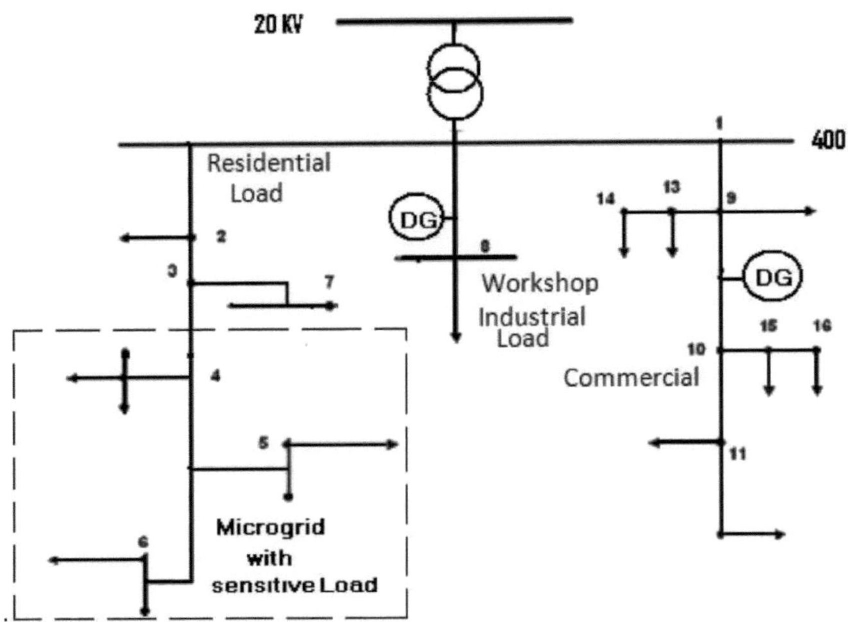

Figura 37.1 Rede de BT do estudo de caso. Fonte: (Mohammadi, M et al 2011)

37.1.2 Célula de combustível

Uma capacidade de conforto híbrida de energia solar ou eólica é a combinação de células de combustível como uma promessa para a rede de geração distribuída com alta eficiência, emissão zero e estrutura modular flexível.

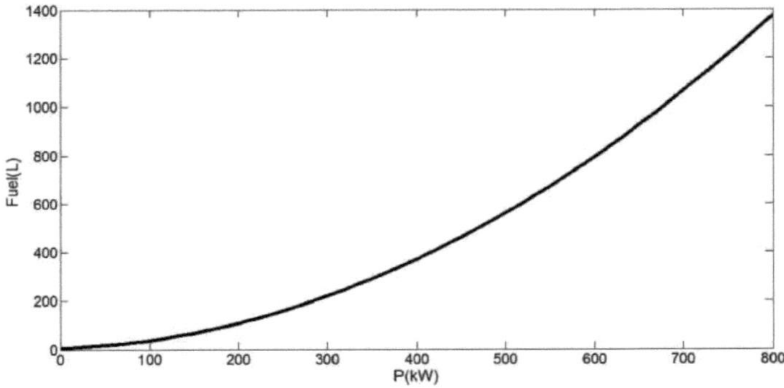

Figura 37.1 Curva potência-combustível para a pilha de combustível Fonte: (Mohammadi, M et al 2011)

Capítulo 38

38.1 Análise económica da microrrede

Mohammadi et al (2011) aconselharam os países da ASS a analisar os custos de capital, substituição, operação, manutenção e combustível aquando da implementação de um sistema de micro-rede. Os autores recomendam que o custo anualizado seja igualado ao custo anual de capital, ao custo anual de substituição e ao custo anual de operação e manutenção. Para um sistema híbrido, é economicamente viável introduzir a taxa de juro anual através da utilização da variável taxa de desconto. Nesta fase, o mundo está a recomendar o armazenamento de energia que pode reduzir o custo da energia para os clientes. Esta facilidade de armazenamento torna-o idealmente viável para o dispositivo de armazenamento de baterias de energia solar, um requisito fundamental para o sistema híbrido de energia solar ou eólica, que melhora significativamente a disponibilidade de carga em qualquer altura.

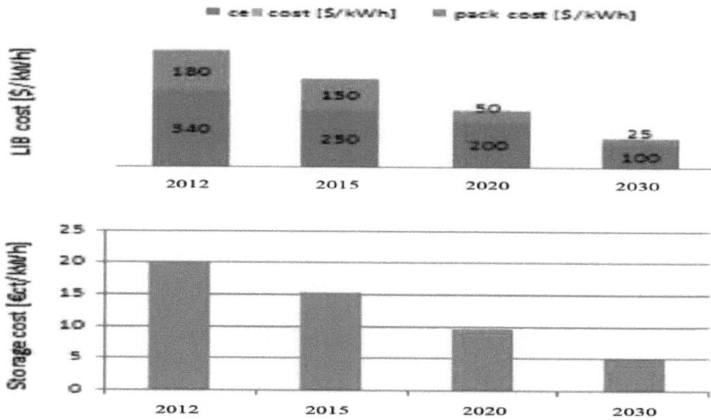

Figura 38.1 Variáveis de custo da célula renovável

Capítulo 39

39.1 Complexidade da capacidade baseada na simplicidade da conceção

Milder, Fredric (2012) não vê qualquer complexidade na tomada de decisões em sistemas de controlo centralizados, a não ser a utilização de uma abordagem normalizada de circuito primário/secundário que permita uma variedade de configurações para acomodar sistemas complexos. Milder (2012) recomenda um computador centralizado e módulos de relés concebidos para conceitos de medição e controlo, incluindo relés, condicionamento de sinais, medição e comutação multiplexada de aproximadamente 70 resistências e entradas de baixa tensão CC. Este sistema centralizado único toma todas as decisões de controlo e os utilizadores interagem com mais de 250 dados a cada cinco minutos continuamente, mantendo os dados em perpetuidade. Milder (2012) aconselha os países da SSA a incluir as seguintes interfaces de sistema aplicáveis para uma integração efectiva da micro-rede:

- Painéis solares e permutador de calor;
- Caldeira de condensação, modulante, a gás natural;
- Um coletor de distribuição de piso radiante que alimenta uma zona de aquecimento de válvula;
- Um coletor de distribuição de rodapé que alimenta uma zona de aquecimento com válvula;
- Um coletor no lado do glicol da alimentação do permutador de calor:
- Um "spa" (na realidade, um grande frigorífico isolado);
- Depósito de armazenamento de calor;
- Seis estações de bombagem (uma solar, cinco de distribuição);
- Uma bomba de circuito primário; e
- Vários termóstatos e contadores de Btu.

Os itens de integração acima referidos aumentarão a eficácia das matrizes de software no sistema de controlo centralizado para processos interactivos flexíveis com todas as condições do sistema. O sistema integrador tem a capacidade de prever os dados meteorológicos, o sistema de controlo individual para um diagnóstico fácil e uma interação intuitiva com os parâmetros do sistema. Este sistema integrativo requer a eliminação de todos os dispositivos intermediários e de controlo. O computador centralizado substitui os controladores de pontos de ajuste, os controladores diferenciais e os controladores da estação de bombagem solar, etc., tornando-o mais flexível para gerir em qualquer condição (Milder 2012).

Capítulo 40

40.1 Rede inteligente para as energias renováveis

Byun, Jinsung et al (2011) afirma que a temperatura da Terra subiu 0,74 graus Celsius, causando vários desafios ambientais, como as alterações climáticas e a subida do nível do mar. Muitos resultados de investigação comprovados atribuem o aumento da temperatura à utilização de combustíveis fósseis após as zonas industriais. O aumento da temperatura observado, resultante de uma maior utilização de combustíveis fósseis, levou muitos países a implementar um sistema integrado denominado tecnologia de rede inteligente para fazer face aos padrões de consumo de energia mais elevados dos clientes. A tecnologia de rede inteligente é um sistema de comunicação bidirecional que, basicamente, tem a capacidade de detetar as condições da rede, medir a potência e controlar os aparelhos "com comunicações bidireccionais para a produção, distribuição e consumo de eletricidade da rede eléctrica", (Byun, Jinsung et al 2011).

Popovic, Zeljko, N et al (2012) apresenta o conceito de rede inteligente como um sistema de distribuição integrador capaz de acomodar geradores renováveis, como as tecnologias solar e eólica, a produção de pequenas centrais hidroeléctricas e a produção de biomassa em redes de distribuição de média e baixa tensão, para uma produção máxima de eletricidade.

A SMART GRID visa otimizar o funcionamento e a utilização da infraestrutura da rede de distribuição para diminuir os picos de carga, adiando o investimento de capital e utilizando componentes de rede inteligente para reduzir as perdas de produção de energia.

As redes inteligentes são utilizadas para fornecer aos consumidores melhores informações e opções para a escolha do fornecimento e para lhes permitir participar na otimização das operações do sistema. Isto permite que o cliente faça escolhas flexíveis de perfis de carga em resposta ao preço da eletricidade. A rede inteligente é uma fonte fiável de resposta à procura como ferramenta de gestão da energia.

A rede inteligente também tem a capacidade de integrar energias renováveis, como a solar e a eólica, que são mais necessárias nos países da África Subsariana. Byun et al (2011) recomenda vivamente a tecnologia de rede inteligente aos governos da ASS como forma de resolver os seus problemas de independência energética e ambientais. A Figura 40.1 *mostra o conceito de tecnologia de rede inteligente*

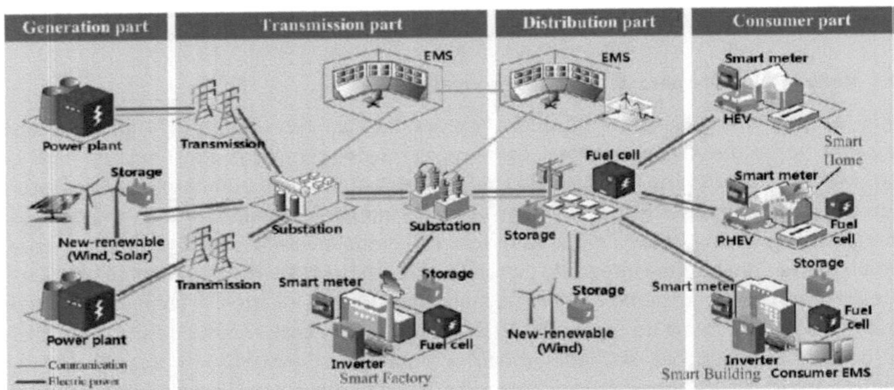

Figura 40.1 Conceito de uma rede inteligente (parte da produção, parte da transmissão, parte da distribuição e parte do consumidor) Fonte: (Byun, Jinsung et al 2011)

Do ponto de vista de Byun, Jinsung et al (2011), como as energias renováveis estão a aumentar gradualmente, é aconselhável que os países da África Subsariana implementem medidas para resolver os futuros problemas de funcionamento do sistema de energia. Para obter o melhor resultado na distribuição de energia renovável, foi documentado por (Byun et al 2011) que a frequência e a tensão são questões-chave a abordar através da integração para as melhores funções de gestão inteligente.

Lyster, Rosemary (2010) lembra aos decisores políticos que devem ter em conta quatro objectivos fundamentais na conceção das políticas energéticas: um aprovisionamento seguro, abundante e diversificado de energia primária; infra-estruturas robustas e fiáveis para a conversão e o fornecimento de energia; preços de energia acessíveis e estáveis; e produção e utilização de energia ambientalmente sustentáveis. Estes objectivos são os principais defensores da tecnologia Smart Grid, que melhora o fornecimento de energia, a atenuação das alterações climáticas e o fluxo bidirecional de energia e a comunicação bidirecional.

Capítulo 41

41.1 Cadeia de valor da gestão integrada da energia

Bush (2013), sobre o consumo de energia no sector mineiro, indica a necessidade de as empresas integrarem a cadeia de valor da gestão da energia como meio de programa de redução de GEE. As emissões de GEE do sector mineiro resultam da combustão direta das operações ou da emissão indireta de GEE de um serviço público externo. As estratégias de redução de GEE variam de país para país; em particular, o dióxido de carbono é reduzido principalmente a partir da energia e do custo correspondente por unidade de produção ao longo das operações. Um fator associado ao custo de produção no sector mineiro é o custo da energia. Para reduzir o custo da energia, é necessário reduzir o custo unitário de energia das empresas para que as operações sejam sustentáveis durante a recessão. Isto proporciona uma oportunidade para a integração empresarial da saúde e segurança dos trabalhadores, da conformidade ambiental, da gestão imobiliária e da gestão de instalações para criar critérios de alavancagem empresarial bem sucedidos. A combinação da segurança e saúde dos trabalhadores com a gestão da energia permite a aquisição de equipamento mais recente e mais eficiente para reduzir o custo da energia e, ao mesmo tempo, garantir a segurança dos trabalhadores, conforme ilustrado na figura 41.1.

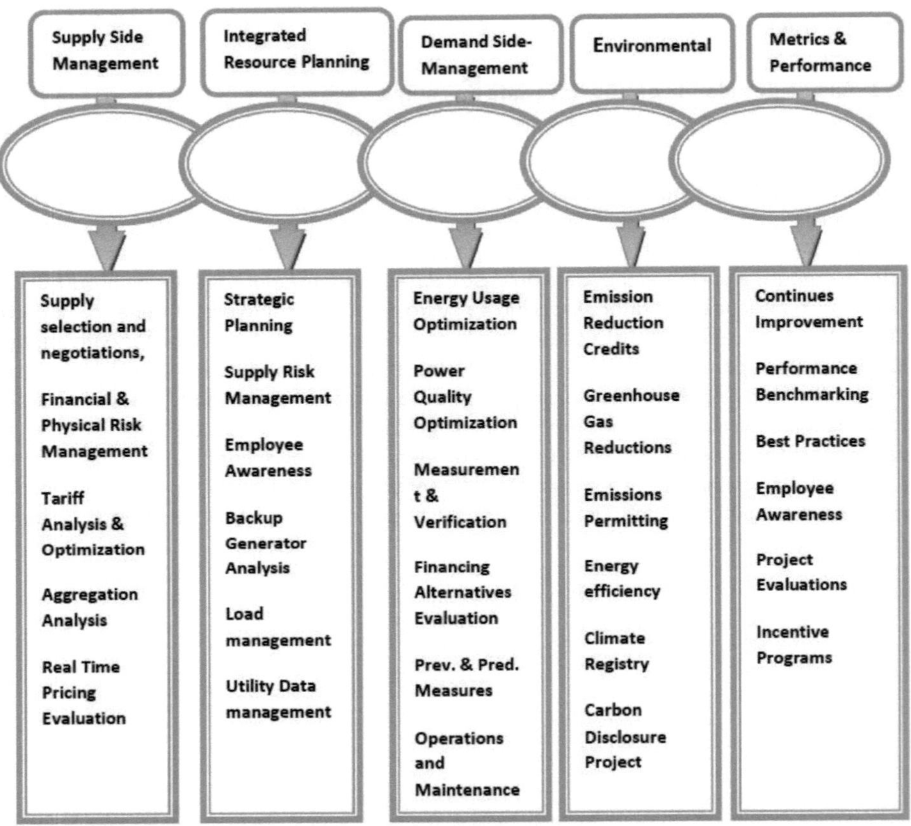

Figura 41.1 Cadeia de valor da gestão integrada da energia Fonte (Bush 2013, modificado pelo autor)

Capítulo 42

42.1 Avaliação dos custos

É fundamental que os países da África Subsariana avaliem o custo envolvido em cada instalação solar em função dos seus benefícios económicos. É aconselhável que a avaliação dos custos esteja em conformidade com os mecanismos de incentivo locais. A Alemanha, os criadores da tarifa de alimentação (FiT), tornou-se uma história de sucesso de exportação em mais de 50 países, a nível mundial.

Pegels, Anna & Lutkenhorst Wilfried (2014) indicam a importância da utilização do FiT como referência para a conceção de políticas eficazes nos países da África Subsariana como ferramenta de apoio à expansão das energias renováveis. O FiT pode ser usado intensivamente para visualizar a disponibilidade limitada de dados anualizados para pedidos de empréstimo, despesas de investigação e design (I&D).

Capítulo 43

43.1 O veredito final

Os países da África Subsariana são abençoados com enormes recursos naturais, como o ouro, o petróleo e o gás, a bauxite, o manganês, a madeira, o diamante, o ferro, o fosfato, etc. No entanto, os países da África Subsariana são os mais carenciados em termos de desenvolvimento económico. Os recursos naturais dotados são recuperados para um único orçamento familiar ou mal geridos pelos chefes de governo. As práticas de liderança sem visão nos países da África Subsariana criaram desafios económicos para os cidadãos. Apesar destes enormes recursos, há mais de 600 milhões de pessoas sem acesso à eletricidade, que é um direito humano fundamental.

Converter o recurso mais natural, o "SOL", em eletricidade para aumentar o défice não tem sido visto como um privilégio/oportunidade por muitos governos dos países da África subsariana. No entanto, os seus homólogos na maioria dos "países com menos sol", como a Europa, a Rússia, o Japão e a China, etc., vêem a energia solar como o único recurso que pode reduzir significativamente os desafios das alterações climáticas que o mundo enfrenta atualmente. As alterações climáticas têm mais impacto nos países em desenvolvimento do que nos países desenvolvidos. Os países desenvolvidos implementaram estratégias de adaptação fundamentais contra os impactes das alterações climáticas, enquanto os países em desenvolvimento estão mais preocupados com doações bilaterais para vários programas de *"desenvolvimento insignificante" do* que com a adaptação e atenuação das alterações climáticas.

Estes mesmos governos da África Subsariana sentem-se mais à vontade para pedir empréstimos ao estrangeiro para apoiar os seus orçamentos anuais ou empréstimos para outros projectos como estradas, hospitais, etc. As estradas e os hospitais necessitam de energia para a iluminação pública e a iluminação dos hospitais. Idealmente, procurar investidores estrangeiros em sectores de energia solar com mecanismos de apoio à política de energia limpa produziria as melhores economias de escala.

O desenvolvimento do sector privado é a chave para o desenvolvimento do emprego em todos os sectores de uma economia, se for devidamente planeado. Os rendimentos dos recursos disponíveis poderiam ser facilmente investidos em áreas económicas que poderiam produzir resultados significativos para os países da África Subsariana. Uma economia sem apoio político ao investimento do sector privado está condenada a falhar no crescimento económico. O desenvolvimento do sector privado é um fator-chave para o crescimento económico sustentável. Depender da ajuda externa para o desenvolvimento não significa necessariamente desenvolvimento, mas antes uma *"fuga económica"* para as gerações futuras.

O investimento no sector da energia aumentaria significativamente a produção e criaria mais postos de trabalho. A criação de emprego tem sido o principal objetivo da maioria dos países desenvolvidos. A energia é um fator-chave para o desenvolvimento sustentável que exige políticas pragmáticas para atrair o envolvimento/participação do sector privado. O sector privado é reconhecido, a nível mundial, como o motor do crescimento. Um governo com 70% de concentração no desenvolvimento do sector privado para o crescimento é reconhecido como um planeador económico *"sério"*; enquanto que um governo com 30% de concentração no desenvolvimento do sector privado é reconhecido como um governo *"corrupto"* com um quadro institucional fraco para a pilhagem de recursos.

Os países em desenvolvimento podem facilmente criar mais empregos para os seus cidadãos carenciados através de sistemas educativos estratégicos que incentivem a auto-vocação e o avanço do empreendedorismo técnico.

Os resultados de um inquérito realizado por (Lumor 2012) indicam que as energias renováveis podem resultar significativamente em mais empregos e desenvolvimento económico social, tanto nas zonas rurais como nas zonas urbanas dos países da África Subsariana. Os líderes dos países da África Subsariana devem estar unidos e tomar decisões colectivas para o desenvolvimento socioeconómico. A gestão dos recursos e o planeamento visionário da liderança são elementos fundamentais para os líderes dos países da África Subsariana. O desenvolvimento a partir de ganhos com os recursos próprios, acrescentando valor para exportação, poderia estabilizar o crescimento económico nos países da África Subsariana. A dependência da liderança política está a drenar os cofres dos países da África Subsariana. Um país com uma maior concentração em nomeados políticos *"não qualificados"* do que na melhoria do sector privado é *"autodestrutivo a um nível suicida de fracasso económico"*. Um país mais dependente de empréstimos estrangeiros para o desenvolvimento do que do valor acrescentado dos recursos naturais é um fracasso e NÃO um estilo de liderança visionário. Os líderes visionários escolhem entre a criação de valor e o crescimento económico para os seus cidadãos. Esse crescimento económico deve ser orientado para o fornecimento de energia a todos os sectores da economia para um crescimento sustentável. A conceção de políticas para responder aos desafios da emissão global de dióxido de carbono depende das previsões energéticas de cada nação em termos de crescimento económico e consumo de energia. O rápido aumento do consumo de energia nos países da África subsariana exige um novo elemento significativo na equação energética.

De acordo com Li, Jie e Ayres, Robert (2008) utilizou o modelo original de Solow para depender de duas variáveis ou factores de produção, nomeadamente, a oferta total de trabalho e o stock total de capital. No entanto, os países subsarianos não podiam utilizar estes dois factores para reconhecer os níveis de produção das suas economias para um crescimento sustentável. O resíduo de Solow poderia ser utilizado pelos países subsarianos para aumentar o crescimento per capita da produção em 80%. Este multiplicador exógeno *"progresso tecnológico residual"*, designado como função de produção, e expresso como função exponencial do tempo com uma taxa média constante de cerca de 2,5% por ano, com base na história passada, é necessário na avaliação do crescimento económico dos países da ASS.

Previsão e elasticidade da procura de eletricidade

Bildirici, M.E e Kayik^i, Fazil (2012) investigaram a relação entre o consumo de eletricidade, o crescimento do PIB e as políticas de conservação da eletricidade. Realizaram quatro hipóteses: neutralidade, conservação, feedback e hipóteses de crescimento. É claramente indicado por (Bildirici & Kayik^i 2012) que a hipótese de crescimento pode impedir o PIB, uma vez que a conservação de energia pode causar crescimento económico. Por conseguinte, os autores defendem que as políticas de crescimento do PIB e de conservação de energia podem ser implementadas pelas nações sem afetar necessariamente o PIB. Aconselha-se que os países da África Subsariana se concentrem na hipótese da neutralidade, uma vez que apenas uma pequena fração da produção não tem necessariamente causalidade entre o consumo de energia e o PIB. No entanto, a hipótese de feedback, de acordo com os autores, tem um impacto significativo na energia com um aumento do PIB através do aumento da produção industrial de alto rendimento; o que proporciona uma causalidade bidirecional entre o consumo de energia e o DGP. Com a causalidade bidirecional, os países da África Subsariana devem ser capazes de desenvolver estratégias de crescimento industrial através do aumento das infra-estruturas energéticas, da formação e da educação da sua força de trabalho.

Na perspetiva de Li, Jie e Ayres, Robert (2008), o aumento do crescimento industrial nos países desenvolvidos não diminuiu significativamente com a teoria de Solow, ao passo que na maioria dos países em desenvolvimento (países subsarianos) o crescimento económico e industrial não consegue acompanhar a industrialização.

Referência

Abdulsalam, D et al (2013) An Assessment of Solar Radiation Patterns for Sustainable Implementation of Solar Home Systems in Nigeria, *American International Journal of Contemporary Research Vol. 2 # 6.*

Bildirici, M.E e Kayik^i, Fazil (2012) Economic growth and electricity consumption in former Soviet Republics, *A journal of Energy Economics Vol. 34 pp. 747-753*

Crossley, Penelope J. (2013) Designing Sustainable Development? The effectiveness of PV solar regulation in Australia and China, A *journal of Sydney Law School Legal Studies Research Paper No. 13/20*

Chandukala, Sandeep R et al (2008) Choice Models in Marketing: Economic Assumptions, Challenges and Trends, *A journal of Foundations and Trends in Marketing Vol. 2, No. 2 pp. 97-184*

Chandukala, Sandeep & Nair, Harikesh S. (2010) Marketing Models of Consumer Demand*, A journal of University of Chicago Booth School of Business working Paper #11- 11*

Chintagunta, Pradeep K. & Nair, Harikesh S. (2010) Marketing Models of Consumer Demand, *A journal of University of Chicago Booth School of Business Working Paper Vol 11 #11*

Bush, Victor M (2013) Integrated sustainable energy management in mining operations, *A journal of Sustainable Energy Engineering*

Bronin, Sara C (2010) Curbing Energy Sprawl with Micro grids, *A journal of the Connecticut Law Review Vol. 43 #2*

Byun, Jinsung et al (2011) A Smart Energy Distribution and Management System for Renewable Energy Distribution and Context-aware Services based on User Patterns and Load Forecasting, *A journal of IEEE Transactions on Consumer Electronics, Vol. 57, #2.*

EIA ((2013) Energy Statistics, *A journal of OECD Countries Energy Statistics*

Eisen, Joel B. (2010) Can Urban Solar Become A "Disruptive" Technology? The Case For Solar Utilities, A *Notre Dame Journal of Law, Ethnics & Public Policy Vol. 24*

Geginat, Carolin & Ramalho, Rita (2015) Electricity Connections and Firm Performance in 183 Countries, *A journal of World Bank Research Working Paper Vol. 7460*

German-Netz (2015) COMBATER A POBREZA ENERGÉTICA DA ÁFRICA SUBARANIANA UTILIZANDO OS PRINCÍPIOS DO MERCADO LIVRE E OS FIT

Glennon, Robert & Reeves Andrew M (2010) Solar Energy's Cloudy Future, *A journal of the Property and Environment Research Center Working Paper of Arizona Legal Studies Discussion Paper vol. 10 #45*

Groba, Felix et al (2011) Assessing the Strength and Effectiveness of Renewable Electricity Feed-in Tariff s in European Union Countries, *A journal of German Institute for Economic* Research-Discussion *Papers #1176*

Gwynne, Peter & Frishberg, Manny (2013) Incentives Spark Solar Energy Boom for Japan, *A journal of Research Technology Management*

Hirth & Ziegenhagen (2013) Balancing Power and Variable Renewable: A Glimpse at German Data, *A journal of Potsdam-Institute for Climate Impact Research*

Hughes, Bill et al (2015) An integrative System Approach to Teaching Solar Energy Collection, *A journal of engineering Technology Teaching*

ICAP (2016) Emissions Trading Worldwide, *A journal of International Carbon Action Partnership (ICAP) Status Report 2016*

Korngold Gerald (2014) Conservation Easements and the Development of New Energies: Fracking, Wind Turbines, and Solar Collection, *A Journal of Energy Law and Resources, Vol. 3, No. 1*

Krishnamurthy, Saravan et al (2014) Criação de projectos amigos do ambiente na Índia rural - um quadro de sinergia para as energias renováveis sustentáveis, *uma revista International Journal of Applied Engineering Research Vol. 9, # 24 pp. 26719-26738*

Li, Jie e Ayres, Robert (2008) Economic Growth and Development: Towards a Catchup Model. *A journal of Environmental Resource Economics Vol. 40 pp 1-36*

Lobel, Ruben & Perakis Georgia (2011) Consumer Choice Model for Forecasting Demand and

Designing Incentives for Solar Technology, *A journal of MIT Sloan School Management Working Paper 4872-11*

Lumor, R.K (2012) Energy Consumption and Energy Efficiency Strategies for Sustainable Economic Growth in Sub-Saharan Africa (A Case Study on Ghana), *A journal of energy efficiency of the university of Liverpool*

Lyster, Rosemary (2010) Smart Grids: Opportunities for Climate Change Mitigation and Adaptation, *A journal of Sydney Law School Legal Studies Research Paper Vol. 10 #57*

Matsui, Richard & Malaya Nicholas (2014) A Primer of Collateral-Related Risks Associated with Solar ABS, *A Journal of Structured Finance*

Micale & Deason (2014) Energy Savings Insurance, *uma revista do Global Innovation Lab for Climate Finance.*

Micale, Valerio et al (2015) Energy Savings Insurance: Pilot Progress, Lessons Learned, and Replication Plan, *A journal for Global Innovation Lab for Climate Finance*

Milder, Fredric (2012) Advantages of Integrated Control in Solar Combi systems*, A ASHRAE Journal of Technical Features*

Monk, Ashby et al (2015) Energizing the US Resource Innovation Ecosystem The Case for an Aligned Intermediary to Accelerate GHG Emissions Reduction, *A journal of US Resource Innovation Ecosystem*

Mormann, Felix (2014) Beyond Tax Credits: Smarter Tax Policy for a Cleaner, More Democratic Energy Future, *A Yale Journal on Regulation Vol. 31.# 2,*

Mormann, Felix (2015) Clean Energy Federalism*, A journal of Intergovernmental Panel on Climate Change*

Mohammadi et al (2011) Optimal sizing of micro grid & distributed generation units under pool electricity market, A *Journal of renewable and Sustainable Energy. Vol.3 .5. pp 53-203.*

Nasr, Nabil (n.d) Energy innovation will drive production, *A journal of Innovation and Industrial engineering.*

Nelson, Jim (2012) A New Twist on Solar Cell Design, *A journal of energy efficiency and the environment.*

Nissila, Heli et al (2014) Constructing Expectations for Solar Technology over Multiple Field-Configuring Events: A Narrative Perspective, *A journal of Science & Technology Studies*

Nahmmacher et al (2012) Carpe diem: A novel approach to select representative days for long-term power system models with high shares of renewable energy sources, *A journal of Potsdam Institute for Climate Impact Research (PIK), Germany*

Nosrat e Pearce (2011) Estratégia e modelo de despacho para sistemas híbridos de energia fotovoltaica e de trigeração, *A journal of Applied Energy Vol. 88 pp 3270-3276*

Outka, Uma (2013) Environmental Justice in the Renewable Energy Transition, um *documento de trabalho da Faculdade de Direito da Universidade do Kansas.*

Pegels, Anna & Lutkenhorst Wilfried (2014) Is Germany's Energy Transition a case of successful Green Industrial Policy? Contrasting wind and solar PV, *A journal of German Development Institute,*

Popovic, Zeljko, N et al (2012) Smart Grid Concept in Electrical Distribution System, *A journal of Thermal Science Vol. 16, # 1, pp. 205-213*

Pursley, Garrick B. & Wiseman, H.J. (2010) Local Energy, *A journal of University of Texas School of Law, Public Law & Legal Theory Research Paper #168*

Rule, Troy A. (2010) Renewable Energy and the Neighbours, *A University of Missouri Law School journal of Legal Studies Research Paper Series # 13*

Samad et al (2013) The Benefits of Solar Home Systems: An Analysis from Bangladesh, *A journal of World Bank Policy Research working paper #6724*

Sakhrani, Vivek & Parsons, John E (2010) ELECTRICITY NETWORK TARIFF ARCHITECTURES A Comparison of Four OECD Countries, *A journal of Center of Energy & Environmental Research Vol. 10 #008*

Seres, Steven (2008) Analysis of Technology Transfer in CDM Projects, *A journal of UNFCCC Registration & Issuance Unit CDM/SDM*

Smith e Urpelainen (2014) Early Adopters of Solar Panels in Developing Countries: Evidence from Tanzania, *A journal of Review of Policy Research, Vol. 31, # 1 pp.1111 12061*

Sovacool, Benjamin K (2012) Design Principles for Renewable Energy Programs in Developing Countries, *A journal of Vermont Law School working Paper 06-13, on Energy & Environmental Science Vol. 5 pp 9157*

UNEP (2008) A Reformed CDM - including new Mechanisms for Sustainable Development, *A journal of Capacity Development for CDM (CD4CDM) Project*

PNUA (2014) Global Trends in Renewable Energy Investment, *uma revista do PNUA e da Frankfurt School of Management*

Ueckerdt, Falko et al (2014) Analyzing major challenges of wind and solar variability in power systems, *A Potsdam Institute for Climate Impact Research*

Ummel & Wheeler (2008) Desert Power: The Economics of Solar Thermal Electricity for Europe, North Africa, and the Middle East, *A journal of Center for Global Development Working Paper #156*

Urpelainen, Johannes & Yoon Semee (2014) Solar Products for Poor Rural Communities as a Business: Lessons from a Successful Project in Uttar Pradesh, India, *A journal of Renewable Energy*

Vasa & Neuhoff (2012) Carbon Pricing for Low-Carbon Investment Project, *A journal of Climate Policy Initiative*

Walsh, Philip R. Dr. e Ryan Walters, Ryan (2009) Distribution Channel Design Choice in Eco-markets: The Case of a Solar Thermal Solutions Provider, *A journal of International Association for Energy Economics*

Weismantle Kyle (2014) Building Better Solar Energy Framework, *A journal of Renewable energy Design*

Wilson, M (2007) 'Incentives Make Solar Energy Appealing', *A journal of Chain Store Age, Vol.83, #13, pp. 98-100, OmniFile Full Text Select (H.W. Wilson)*

Wiseman & Bronin (2013) Community-Scale Renewable Energy, A SAN DIEGO JOURNAL OF CLIMATE & ENERGY LAW Vol. 14 #1

Wiseman, Hannah et al (2011) Formulating a Law of Sustainable Energy: The Renewable Component, *A journal of the University of Tulsa Legal Studies Research Paper No. 201108*

Wood Lisa (2010) Incentives and Investments, *A journal of Electric Perspective Vol. 35 #1 pp. 6*

Printed by Books on Demand GmbH, Norderstedt / Germany